W 外星人与UFO悬疑奇案

WAIXINGREN YU UFO XUANYI QI'AN

才学世界　　主编：崔钟雷

吉林美术出版社｜全国百佳图书出版单位

图书在版编目（CIP）数据

外星人与 UFO 悬疑奇案 / 崔钟雷主编 . —长春：吉林美术出版社，2010.7（2022.9 重印）

（才学世界）

ISBN 978 – 7 – 5386 – 4464 – 7

Ⅰ.①外… Ⅱ.①崔… Ⅲ.①地外生命 – 普及读物②飞碟 – 普及读物 Ⅳ.①Q693 – 49②V11 – 49

中国版本图书馆 CIP 数据核字（2010）第 127151 号

外星人与 UFO 悬疑奇案

WAIXINGREN YU UFO XUANYI QI'AN

主 编	崔钟雷
副 主 编	于晓蕊 刘志远
出 版 人	赵国强
责 任 编 辑	栾 云
开 本	787mm × 1092mm 1/16
字 数	120 千字
印 张	9
版 次	2010 年 7 月第 1 版
印 次	2022 年 9 月第 4 次印刷

出版发行	吉林美术出版社
地 址	长春市净月开发区福祉大路5788号
	邮编：130118
网 址	www.jlmspress.com
印 刷	北京一鑫印务有限责任公司

ISBN 978 – 7 – 5386 – 4464 – 7　　定价：38.00 元

前　言
foreword

————————————————————————————

　　小时候，每当仰望晴朗的夜空时，也许我们会问身边的大人："天上为什么有那么多的星星？那些星星上也有和我们一样的人吗？"是的，这样的问题可能是我们儿时都会问到的。然而，寻找这类问题的答案却成了困扰人类科学家的一大难题。直到今天，我们也不能完全肯定世界上到底有没有外星高等智慧的生命存在，但是我们应该用一种脚踏实地、实事求是的精神去探索和发现。只要我们具有了这种精神，一定会有成功破解谜团的一天。

　　人类的历史在宇宙的演化中只是短短的一瞬，现代科学所达到的科技水平只是人类认识宇宙的起步阶段，广袤的宇宙中更为广泛、更为深奥的运动规律尚未被人类所揭示。而且，既然太阳系这个年轻的天体系统都能够产生高级智慧生命，那么我们有什么理由去怀疑宇宙中的某些行星不会产生生命呢？

　　本书选用最新科学观点，深入浅出地为读者朋友们系统地介绍了有关外星人与不明飞行物方面的一些问题，使广大读者朋友能够在阅读本书的同时，感受另类世界的奥妙与神秘，并坚定我们向科学进军的信心。

编　者

目录

UFO 传说

UFO 与史前遗迹 ················· 2

UFO 与古代文明 ················· 5

中国古籍中记载的 UFO ············ 6

南美洲的巨型地画 ··············· 7

丛林中诞生的"意外" ············· 9

惊人的报道

登月飞船遭遇 UFO ··············· 12

坠毁的不明飞行物 ··············· 14

太阳系的神秘来客 ··············· 17

宇宙婴儿 ····················· 20

神秘的光环 ··················· 22

飞行员的报告 ················· 24

世界 UFO 事件

神秘飞行物首次显身 ············· 28

UFO 与西伯利亚大爆炸 ··········· 31

举世瞩目的飞碟坠毁案 ··········· 35

人类与 UFO 的空中较量 ··········· 38

UFO 神秘着陆于空军基地 ·········· 40

华盛顿上空的 UFO ··············· 44

CONTENTS

外星人暴行记录

神秘的劫持事件 ·· 48

一家人的奇遇 ·· 49

神秘的死亡 ·· 52

奇异的旅行 ·· 54

军士查尔斯的描述 ·· 57

第三类接触

寻找外星文明 ·· 62

民航机遭遇 UFO ·· 63

空中奇遇 ·· 65

神秘"客人" ·· 67

UFO 的多种类型 ·· 70

外星人的多样类型 ·· 71

科学家对 UFO 的探寻 ·· 74

探索 UFO 高超的飞行原理 ·· 76

UFO 的性能 ·· 89

UFO 的"异变" ·· 98

最早提出关于外星人存在的是谁 ·············· 106

陨石带来了什么信息 ·· 108

千年 UFO 档案 ·· 110

不明飞行物的沙漠机场之行 ·············· 116

目录

专家对 UFO 的探索

科学家眼中的 UFO ································· 120

奥兹玛计划 ···································· 122

国际斯塔科特计划 ······························· 125

蓝皮书计划 ···································· 127

美国与苏联的努力 ······························· 129

美国的 UFO 调查组织 ···························· 131

探索 UFO 基地

UFO 基地与来源探秘 ···························· 134

黑色骑士与神秘的 UFO ························· 136

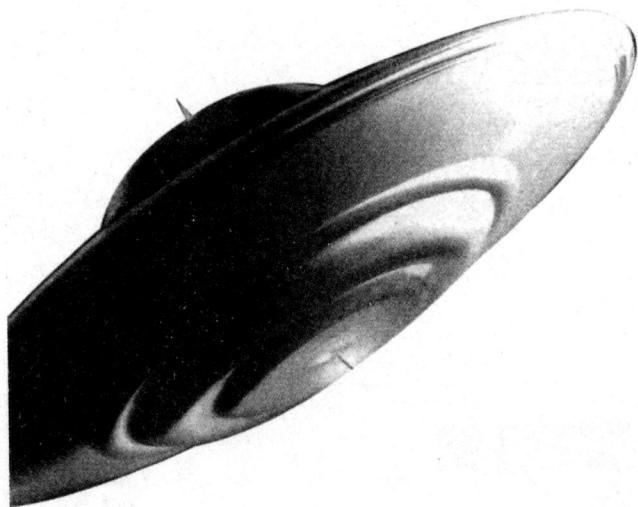

外星人与UFO
悬疑奇案

CAIXUE SHIJIE

外星人与UFO悬疑奇案

WAIXINGREN YU UFO XUANYI QI'AN

UFO传说

悬疑奇案

UFO 与史前遗迹

地球上是否存在过先于人类文明的"超级文明时代"？一些考古线索表明：在距今 6 亿—3 亿年就已有人类的足迹留在地球表面，以致形成最古老的脚印化石，数亿年前的岩层中已发现了类似于近代采矿工具的化石文物……

恐龙时代的人类印记

美国得克萨斯州发现的恐龙足印已为世界所熟知，更令人惊异的是恐龙足印化石旁竟发现了人类足印化石。要知道，结合已知的地球人类的进化史来看，恐龙时代绝对不可能会有人类存在！因为恐龙在六千五百多万年前灭绝后，才有哺乳动物出现。在 1976 年，得克萨斯州基督教大学地质学教授华尔本采用临时筑堤和抽水的方法，从河床的同一岩层上再次找到了恐龙和人类的足迹。这为持恐龙时代存在人类活动观点的考古学家们提供了新的证据。

史前人类的踪影

科学家早在 1910 年就在美国肯塔基州发现过 10 处完整的人类化石脚印。所有证据都表明那是人类在原生代砂岩海岸留下的，也就是说，在遥远的近 3 亿年前的洪荒时代，已有人类在这个地区活动了。

1968 年，有人在美国犹他州发现了与已知最古老的三叶虫化石同时保留下来的人类足印化石。据柯克教授说，这是两个穿鞋的脚印化石，一只三叶虫化石也出现在这同一块岩石中的脚印附近，这就表明三叶虫与穿鞋者曾共生于一个时代。根据目前的学说，人类穿上鞋子只有数千年的历史，人类的出现也不过100万—200万年的时间，三叶虫则在近3亿年前就已绝种了。而三叶虫在灭绝前已繁衍了约三亿多年的时间。人类的鞋印与三叶虫在同一岩层中出现，这究竟意味着什么？

研究表明：这只鞋长27厘米、宽8.9厘米，当时似乎踩上了活着的三叶虫，脚跟比脚底造成的痕迹稍深，鞋头与一般人类的鞋印无异。柯克教授评价这块留有人类鞋印的三叶虫化石时说："它是那么清晰，令人无法怀疑，这实在是对传统地质学理论的重大挑战。"

史前人类文明

远古时代来历不明的人类留下的并不仅仅是自己的足迹，在地下深处的煤层和岩层中，人们还发现了奇怪的文物。

1880年，美国科罗拉多州的一位农民在煤炭里砸出了一枚铁铸嵌环；1952年在采自苏格兰的大块煤炭中，人们发现其中裹有一件钻头状的铁器。经鉴别，那块煤是包裹着那件神秘金属物逐渐形成的；1961年在美国加利福尼亚州，罗亨斯宝石礼物店的兰尼等人在哥苏山顶处搜寻到一块类似于石头的晶体，在用钻石手锯锯开晶体后，虽未发现里面藏有五彩缤纷的色泽晶体，却见到了类似于现代汽车火花塞

3

一样的东西，里面的木刻套筒已变成了化石。

发现于法国普洛潘斯的一个采石矿场的岩层中的一件奇怪的东西更引发了考古学上的争议。1786年至1788年间，这个采石矿场为当地重建司法大楼提供了大量的石灰岩。矿场岩层与岩层之间都隔有一层泥沙，当矿工们挖到第11层岩石后，即到达距离地面12—15米的深处时，在第11层石灰岩下面，又出现一层泥沙。矿工们清除泥沙时竟发现泥沙里边夹有石柱残桩和开凿过的岩石碎块，就像他们开凿出的石块一样。继续挖下去，更令他们惊奇的是发现了古钱币、已变成化石的铁锤木柄和其他石化了的木制工具。最后，还发现一块长2.6米、厚2.5厘米的木板。这块木板同其他木制工具一样已石化为一种玛瑙，且已裂为碎片。这一切简直是天方夜谭。这些奇异的现象向人类传达了这样一个信息——曾有另外一种发达的文明光顾过地球，或者曾有另外一种发达的文明在地球上存在过。

悬疑奇案

UFO 与古代文明

根据科学分析，地球的年龄大约在 35 亿—40 亿年之间，这相对于宇宙的年龄来说不值一提，但对人类而言却相当漫长，人类进化至今大约用了 30 万—40 万年时间。

人类有文字可考的历史不超过 5 000 年，但是 4 600 年前的人类却建筑起了大金字塔。人类穿上衣服的历史也不过只有 4 000 年，大西洋海底却发现了 11 000 年前的精致铜器……这些说明了什么？

UFO 之谜

我们不能武断地说外星智慧生命曾经干预了地球生命的演化进程，但是，至少我们可以说在人类历史的整个进程中，UFO 现象一直伴随着人类的发展历程。世界上的不同地域、不同民族在远古时期的传说和历史记载中都有过类似的描述，人类历史上的诸多不解之谜是 UFO 现象与人类历史联系的最好佐证。为了更加清醒地认识人类文明与 UFO 的渊源，需要我们对这些不解之谜进行认真的思考和分析。

"地球文明反复"说

地球本土文明曾出现过反复，这种反复即我们所经历的文明只不过是已经毁灭文明的重建与再现而已。也许这样就可以解释 18 世纪末法国石匠所使用的工具为什么与 3 亿年前岩层中的化石类似了。

"地外文明介入"说

在地球文明发展过程中曾有地外文明的介入。这种介入地球文明的地外文明自然优越于地球，因此也就在地球上直接留下了或通过地球人间接留下了显著超越当时时代的诸种文明产物。其中有些文明产物佐证了地球文明同地外文明有着某种微妙的联系。

悬疑奇案

中国古籍中记载的 UFO

中国古代关于天文学的著述中，有大量天文现象是无法用现代科学解释的，却类似于今天人类传说的天外来客——UFO。

《新唐书》上的记载

《新唐书》中有一段文字："天祐二年三月乙丑，夜中有大星出中天，如五斗器，流至西北，去地十丈许而止，上有星芒，炎如火，赤而黄，长丈五许，蛇行……"这段文字的意思是：公元905年3月的一天夜里，在天空中出现了一个像"五斗器"（古代的一种容器）大小的不明飞行物，它向西北方向下降，离地面大约三十米高时突然停止。这时，这个飞行物发出像火焰一样的红黄色光芒，并开始曲折运动……

《明史》上的记载

《明史》："万历三十年九月已未朔，有大星见东南，赤如血，大如碗，忽化为五，中星更明，久之会为一，大如簸。"这段记载说明：1603年9月的朔日，在东南方向的天空中出现了一个不明空中物体，它像一颗亮星，发血红色光，大小形状像一个碗。它突然分裂成五个发光物体，四个围绕中心的一个运转，中心的发光体更为明亮。这种分裂持续了很长时间，但五个发光物体后来又合为一个。

悬疑奇案

南美洲的巨型地画

纳斯卡高原隶属南美国家秘鲁，该高原地处安第斯山区，纳斯卡高原荒凉干燥，气候条件十分恶劣。它一度不为人知，直到此处开辟航线后。后来飞行员发现高原表面分布着许多线条，开始时人们认为这是印第安人开辟的运河。

"运河"浅沟

印第安古文化研究专家对这些被飞行员标在地图上的所谓运河感到费解，于是，专家们率领一支考察队亲赴纳斯卡高原。研究人员在呈黑褐色的高原表面，看到了相当清晰但走向不一的"白带"，这些"白带"实际上是一些深15—20厘米的浅沟，它们之所以呈白色是因为地表那些露出的黄白色土壤的缘故。浅沟有的弯弯曲曲，有的笔直延展，似乎构成了一幅神秘的图案。

神秘的图案

为一探究竟，考察队员手拿指南针，一面沿着弯曲的浅沟行进，一面在地图上做好标记。令人意想不到的事情发生了，标在地图上的线段居然连成了一幅喙部突出的巨鹰图案。鹰尾达40米左右，喙长接近100米，翼长90米，巨鹰的喙还衔着一段长约1.7千米的笔直沟线。接着，他们又发现了与此相类似的其他巨大的图案。随后，考古学家们登上飞机，来到500米高空，想全面欣赏一下纳斯卡高原上的杰作。奇怪的是，他们开始并没有看到任何地画的踪影，随着飞机缓缓盘旋到一定的角度时，纳斯卡的地画才逐渐显露出来——只见数千条线形成了一组奇妙的动物、植物图，其中还有一幅有着8条触手的章鱼图。飞机再次盘旋，由于角度的改变，这些巨画骤然消失。后来，

人们又陆续在纳斯卡高原上发现了更多的动物轮廓画，其中有长达80米的卷尾猴和46米大小的蜘蛛图案。这些庞大的图像非常精确地间隔一定的距离重复出现，而这些重现的同类图像几乎一模一样。

人类地画像

纳斯卡地画中也有关于人类的图像，但要比动物的形象大数十倍，达到方圆数千米至几十千米，画中人的造型也颇为古怪。地画中的线条有一条达8 000米长，它止于一座山脚下而又从山的另一边连起来，却仍是一条非常完美的直线，它的毫不偏移展现了绘图者极为精湛的绘图技艺。

地图艺术的创造者

科学家鲍尔·特逊克在三十多年后的一个冬至日，重新观测他们最早辨认出的巨鹰图，突然见到落日的光线与巨鹰喙部衔着的那条笔直的沟道恰好吻合。在6个月之后的夏至日，特逊克又专程赶来，他再次发现西沉的日光和这条沟道重合。特逊克设想纳斯卡地画可能是古印第安人的图画天文表。出于这种设想，特逊克和他的同事们把纳斯卡高原上的平面图和星相图进行了对照，发现地面上的图画确实与四季的天文变化相关。这些标记有的表示月亮升起的地点，有的指出最亮的星星的位置。在这部天文历中，太阳系的各大行星都具有各自的线和三角形，通过不同的形状可以在地画上找到点缀在南半球夜空中的诸多星座。也许，古印第安人正是依靠这些沟和画，来安排部落生产活动的。

谜团又现

纳斯卡地画中有一幅奇怪的图案，令人不禁想起现代化机场的停机坪。这些发现难道是偶然的吗？对此究竟应该如何解释呢？绘制那样巨大的图画，需要丰富的数学和天文学知识。对古代的印第安人来说，如果他们具备这些知识，那么他们的知识又是从哪里得到的呢？难道这些地画是宇宙中星际联络的标志？它们的创作者是外星人吗？希望这一个又一个的谜团，会随着科学技术的发展与考古研究的深入而被一一解开。

悬疑奇案

丛林中诞生的"意外"

诞生在南美丛林中的玛雅文明独特而辉煌，犹如一部童话篆刻在人类文明的史册上。几千年来，虽然人类文明经历了太多的风风雨雨，但是玛雅人创造的文明却依然在人类文明史上熠熠生辉。

玛雅天文历法

玛雅天文历法的精确性在今天已经得到证实。蒂卡尔、科潘和帕伦克的玛雅建筑物中都记载有这种历法，玛雅人不是因为自己的需要而建造起金字塔和寺庙，而是玛雅历规定每62年要建造一定的台阶级数建筑物。每一块石头都与历法有关，每一座造好的建筑物都必须严格符合某种天文数据的要求。

玛雅人的迁徙

公元800年—900年，玛雅文明突然消失了。没有任何征兆，所有人都突然匆匆地离开了辛辛苦苦建造起来的坚固城市，舍弃了他们珍贵的寺庙、富有艺术性的金字塔、竖立着雕像的广场和宏伟的体育场。城市从此废弃了——杂草丛生，乱石遍地，到处是一片破败的景象，再也没有任何一个居民回到那里。玛雅人可能是被外来的侵略者赶走的，但是又有谁能轻易地打败玛雅人？军事行为似乎不可能导致玛雅文明的殒落。

迁徙的原因

关于玛雅人的迁徙有多种解释。某些学者在众说纷纭的原因和假设中提出一种新的观点：

在很早很早以前，玛雅人的祖先曾接待过"神"，"神"曾经许

诺过有一天还要回来。玛雅人相信了。玛雅人天真地认为：当这些巨大的建筑物按照历法循环的规律建造完工后，"神"将从天空返回。工程完工了，"神"返回的日子已经到了，可是什么事也没有发生。人们吟颂、祈祷，等待了整整一年，空中仍旧杳无声息。如果真是这样，祭司和百姓的失望是可想而知的。许多世纪的辛勤劳动白费了，玛雅人非常失落，难道是历法的计算有误？"神"不宠幸他们了吗？

这里所说的"神"，也许就是天外来客——外星人。

玛雅天文台

玛雅人建有一个有三层平台的四方形建筑，它高高地耸立在丛林之中，台内有一架螺旋形的梯子直通最上层的观测台，圆顶上有许多对着各个星座的天窗，这就是玛雅人的天文台。晚上，透过这些天窗可以看到一幅幅夜空中的灿烂图像，以及外墙装饰着雨神的面像和有翅膀的人像。

玛雅人和外星人

玛雅人仅仅对天文学感兴趣，不足以说明他们和外星人有关联。大量的悬疑问题让考古学家不得而知。

玛雅人怎么会知道天王星和海王星？为什么天文台里的观测台不对着最明亮的星星？帕伦克的浮雕上雕刻着驾驶火箭的"神"意味着什么？一直计算到四亿年之后的玛雅历意图何在？将太阳年和金星年的周期算到小数点后面四位需要极为复杂的天文知识，玛雅人是从什么地方得到这些知识的？这其中的奥秘让人费解。

W外星人与UFO悬疑奇案

WAIXINGREN YU UFO XUANYI QI'AN

惊人的报道

悬疑奇案

登月飞船遭遇 UFO

1961 年，在肯尼迪总统的领导下，美国制订了阿波罗登月计划。值得说明的是，1969 年 5 月 22 日"阿波罗 10 号"进入月球轨道飞行，当登月舱向月球表面下降，离月面不到 150 千米时，突然发现一个白色的不明飞行物垂直升起……

月球上的 UFO

1969 年 7 月 16 日，美国宇航员阿姆斯特朗、柯林斯和奥尔德林乘坐的"阿波罗 11 号"宇宙飞船在肯尼迪角吐着浓烟和火焰进入太空，开始了征服月球的旅程。经过 4 天的飞行，"阿波罗 11 号"进入月球轨道。1969 年 7 月 20 日 22 时 56 分，阿姆斯特朗在月球上留下了地球人的第一个脚印。他们在月面上安放了 3 种科学实验仪器，采集了 27 千克月球的岩石和土壤，登月计划顺利完成。

就在"阿波罗 11 号"进行史无前例的登月的前一天，奥尔德林（他是紧跟阿姆斯特朗踏上月球表面的第二个地球人）拍摄到了一系列不明飞行物的彩色照片。从照片上可以看到排列在一起像"雪人"状的 UFO 出现在月球表面的左侧。两秒钟后，排列成"雪人"状的 UFO 垂直地向右运动。最奇特的是，UFO 似乎在排气，出现像尾迹一样的喷射现象，且尾迹越来越长。经专家反复分析，认为尾迹与光束显然不同，它是以真空环境为背景的非常像液体的一种喷射。这是一种较为特殊的现象，人类也是第一次发现这种尾迹。直到今天，也没有人能清楚地解释月球上为什么会出现这种不明飞行物。经过对一连串照片进行精密的分析研究，人们发现这种喷射是瞬间停止的，且在空中留下了一条长长的、流动的尾迹。这更说明喷射似乎是一种液体喷射，但也可以认为是一种什么信号。从照片的感光情况来看，UFO 的排列状况一直是在慢慢地不停地变化着。

"水管"之谜

美国人对"阿波罗 11 号"在月球上拍摄的这一系列照片最初只

进行了秘密审查，并没有向全世界公开。专家们经过细致的分析研究后惊奇地发现：这些照片上的 UFO 出现的喷射现象和"双子星座 7 号"宇宙飞船上的宇航员所看到的不明飞行物现象十分相似，而且这些照片上的"雪人"状 UFO 又与"双子星座 11 号"宇宙飞船所拍摄到的 UFO 照片几乎完全一样。

1965 年 12 月 4 日，"双子星座 7 号"宇宙飞船在进行第二次环绕地球的飞行中，宇航员洛弗尔发现了一个不明飞行物体。他说："在距离飞船大约一千米远处，我们突然看见了好像是助推器点火燃烧时出现的一片明亮的雾状东西，似乎有一根'水管'从这个不明飞行物体中伸了出来。"洛弗尔关于"水管"的描述，使人联想到月球上 UFO 喷射的可能是液体，何况"阿波罗 11 号"拍摄的照片清楚地表明，在 UFO 停止喷射后，喷射出来的物质在月球真空环境中像一根长杆一样持续地漂浮了一段时间。

又一次发现

1966 年 9 月 13 日，当"双子星座 11 号"在环绕地球飞行到第十八圈经过印度洋上空时，宇航员曾发现了一个金属状的不明飞行物。因为太阳光线的照射，不明飞行物体发出的反射光呈橙黄色，因此看上去不清晰。它向"双子星座 11 号"飞船逼近，很快超越了飞船，从"双子星座 11 号"前面穿过，并开始下降、缩小。宇航员为该物体拍到了两张照片，其中的一张同"阿波罗 11 号"拍到的不明飞行物体有着很大的相似性，似乎都由两个大小不等的物体排列成"雪人"状。虽然尚不清楚该物体是什么，但不明飞行物的存在不再令人怀疑。

悬疑奇案
坠毁的不明飞行物

世界上一些天文学家、物理学家、宇航动力学家等都倾向于这样的想法：就大多数 UFO 而言，它们所显示出的科技发达程度超越了地球上一切飞行器所能达到的技术高度。但即使这样也有坠毁事件发生。

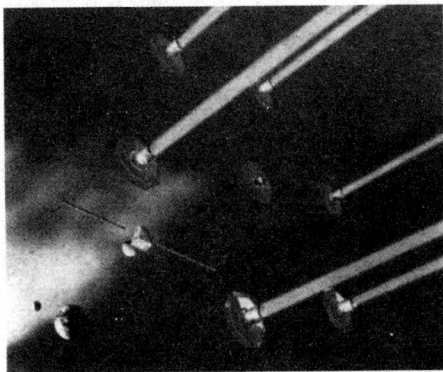

飞碟坠毁

1981 年 5 月 15 日 21 时左右，一个椭圆形的不明飞行物裹着橙红色的光晕掠过莫斯科上空，有成千上万人看到了这一奇观，西方各国驻莫斯科记者也在其中，他们纷纷向国内发回快讯。16 日，西方各国报纸都报道了这一事件。然而，16 日晚天体物理学家齐盖尔得到了一个更加惊人的消息——那个椭圆形的不明飞行物在经过莫斯科上空后，已坠毁在奥卡河附近的山谷中。

一位电视记者提供的报告中这样写道：我在莫斯科东北方向斯巴诺伊镇采访时，遇到一件奇怪的事。该镇一位商人 15 日晚 21 时 30 分左右经过奥卡河谷，忽然间西部天空大亮，一个明亮的燃烧着的物体向他飞来，轰隆一声坠入谷底，空气被烤得炽热，火光持续了好几个小时。

猎户的口述

伊凡洛夫市日报记者米哈伊洛夫在半夜打电话，急忙告诉齐盖尔说："我们接到大量报告说在奥卡河附近的山谷里坠落了一架奇怪的飞行物。一位猎户说，5 月 15 日晚 22 时左右，他正在山里装捕兽器，忽然发现空中有一道亮光从莫斯科方向朝这边冲来，速度极快，人还来不及躲进树丛，那亮光就落到了谷底，发出一声巨大的响声，火光照亮了整个峡谷和半个天空。火光中有一个橙红色的形状像桶一样的物体。第二天上午，村里的几个人一起来到山谷，远远看见山谷中停着一个红黑色的物体。大伙不敢贸然靠近，很快跑回了村子。这样的报告还有很多，有的说看见了火球飞过，有的说听见了爆炸声。我们把这些报告转给你，同时请你前来实地考察。"

庐山真面目

齐盖尔为了尽快查清这次意外事件发生的原因，便带领研究不明飞行物的专家瓦西里耶夫和助手列瓦诺夫在 17 日早晨 8 时赶到了伊凡洛夫，并在该市日报社找到了记者米哈伊洛大。四个人一起来到奥卡河附近的山谷。他们在谷底发现一个火红色的桶状物体。它的底部已经损坏，上半部有一个舱门，但已经无法打开。齐盖尔等人想办法揭开了顶部的活动板，马上闻到一股硫黄味道。他们穿上了事先准备好的防辐射航天服，进入了这个物体的内部，发现里面分为上下两层，上层好像是驾驶舱，里面所有物品都被烧化并已凝固。驾驶室中两位类人模样的驾驶员已被烧成枯炭，无法看清楚其面部和四肢的样子。下层紧闭的舱门由于高温或撞击而损坏，大家想尽一切办法也没能进去。

飞碟碎片

　　米哈伊洛夫在调查现场拍下了许多照片。瓦西里耶夫打算从坠毁的飞行器上截取一些金属样品带回莫斯科进行化验，但由于飞行器的壳体极其坚固，他未能如愿。在离开现场前，齐盖尔在飞行器底部扭曲的地方发现了几块碎片，大家如获至宝。回来后，齐盖尔将碎片送到莫斯科工学院实验室去分析，专家们发现这种金属碎片好像由铝和镁两种金属组成，但它的成分、比例完全不同于地球上使用的铝镁合金。这种金属碎片中铝占47%、镁占53%，而地球上常见的铝镁合金中镁的含量只能达到5%。专家们认为，这种具有特殊构成的碎片只能来自地球之外。

事件真相

　　齐盖尔和瓦西里耶夫两位科学家经过深入研究后认为，坠毁的飞行器与出现在莫斯科上空的不明飞行物是同一个物体。它可能是在进入地球大气层后出现了失控或机件失灵，最终在奥卡河谷坠毁。坠落时因为跟空气摩擦而发出耀眼的火光，这一点与地球上发生的飞行器坠落时的情景非常相似。飞行器内的驾驶员被烧得枯焦，这表明天外来客的有机体像人类一样是由碳元素构成的。另外，这个不明飞行器已被俄罗斯军方秘密运走并封存。

悬疑奇案
太阳系的神秘来客

宇宙中的神秘天体不时出现在人们的视野中，它们既不是地球所发射的卫星，也不是既有的天体。那么，它们究竟是什么？又从何而来呢？

1983年1月—11月，美国发射的一颗红外天文卫星在北部天空扫描时，两次在猎户座方向发现一个神秘天体。这两次观测到这个天体的时间相隔6个月，这表明它在空中有稳定的运行轨道。美国天文学家宣布，它也许就在太阳系内，可能是从另一个星系飞来的某种人造卫星，可能是从宇宙深处飞来的UFO的基地。

外星"基地"出现

1988年12月，苏联科学家通过地面卫星站发现有一颗神秘的巨大卫星出现在地球轨道上，他们当时以为这些是美国"星球大战"计划中发射的卫星。稍后才知道，美国的科学家也在同一时间发现了那颗神秘的卫星，而美国人则以为它是属于苏联的。

美苏两国高层官员通过外交途径的接触和讨论，才明白那颗卫星是来自第三国。以后的一系列调查结果表明，法国、德国、日本或地球上任何有能力发射卫星的国家都没有发射过它。

"基地"本色

根据苏联的卫星和地面站的跟踪显示，这颗卫星体积异常巨大，具有钻石一样的外表，而外围有强磁场保护；内部装有十分先进的探测仪器，它似乎有能力扫描和分析地球上的每一样东西，包括所有生物在内；它同时还装有强大的发报设备，可以将搜集到的资料传送到遥远的太空中去。

　　运行在地球轨道上的不仅有完好的外来的人造卫星，而且有爆炸后的外星太空船残骸。苏联科学家在 20 世纪 60 年代初期，首次发现了一个离地球达 2 000 千米的特殊太空残骸。经过多年研究后，他们才确信那是一艘由于内部爆炸而变成 10 块碎片的外星太空船的残骸。科学家向媒体宣布了这个消息，一下子就引起了全世界的关注。

追踪观察

　　莫斯科大学的天体物理学家玻希克教授说，他们使用精密的电脑追踪这 10 块破损的残骸的轨道，发现它们原先是一个整体。据估计它们最早是在同一天——1955 年 12 月 18 日从同一个地点分离，显然这是由一次强力爆炸所致。他说："我们确信这些物体不是从地球上发射的，因为苏联在大约两年之后才将第一颗人造卫星送入太空。"

　　著名的天体物理研究者克萨耶夫说："其中两个最大的残骸直径约为30 米，人们可以假定这艘太空船至少长 60 米、宽 30 米。从残骸上看，它外面有一些小型的穹顶，装有望远镜、碟形天线以供观测及通信用。此外，它还有舷窗供观察使用。"克萨耶夫补充说，"太空船的体积显示它有好几层，可能是五层。"

太空船残骸

另一位苏联物理学家埃兹赫查强调说："我们多年收集到的所有证据表明，那是一艘因机件发生故障而爆炸的太空船。"他还说，"在太空船上极可能还有外星乘员的遗骸。"苏联科学家的发现使美国同行产生了浓厚的兴趣。美国核物理学与宇航学专家斯丹顿说："如果到太空去收回这些残骸，相信我们可以把它拼合起来。"

十分有趣的是，早在苏联人宣布他们发现地外太空飞船残骸的10年前，美国天文学家巴哥贝就在国内一份著名的科学杂志上发表了一篇文章，其中提到有10块不明残片围绕地球运行。这位天文学家认为，它们来自一个分裂的庞大母体，而这个不明物体分裂的时间就是1955年12月18日，这正好与苏联科学家的研究结果不谋而合。而且，巴哥贝同时驳斥了爆炸后的残骸只是一种自然现象的可能性。

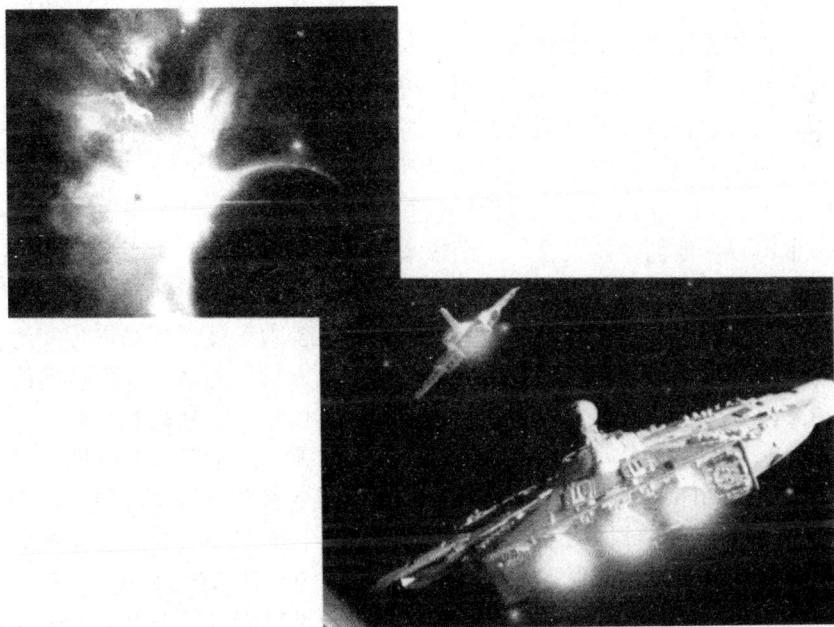

悬疑奇案

宇宙婴儿

1983年7月14日傍晚20时，中亚吉尔吉斯共和国咸海东侧索斯诺夫卡村的天空出现了一次奇异的天象，村民们大都目睹了这一难以解释的现象。

奇异的爆炸

索斯诺夫卡村比较偏僻，周围群山环绕。7月14日晚约20时，一个火红的发光体突然出现在天空中，照亮了群山和村庄。

过了几秒钟，空中传来几声巨响，爆炸声震撼着山谷，村民们惊恐万状。索斯诺夫卡村上空一片紫红，光亮异常耀眼。过了片刻，又是一阵爆炸声后，天空渐渐变暗了，群山和村庄恢复了平静。这次爆炸使村民们极为震惊，他们还以为是原子弹爆炸了。

神秘的男婴

吉尔吉斯军队立即将索斯诺夫卡村和周围山地封锁起来，军事调查员和官方记者在现场忙个不停。事件发生24小时后有消息说，出事的飞行物很像几个月前飞越吉尔吉斯上空的那艘宇宙飞船。来自外太空的飞船的说法渐渐为人们所接受。7月15日晚20时，即第一声爆炸出现24小时后，一支部队开进了距索斯诺夫卡村东南4千米的一个山谷，他们得到报告，一个牧羊人看到天上掉下了一个东西。

两架直升机立即飞向出事地点。柴姆拉耶夫中尉奉命留在索斯诺夫卡，边疆军区的德佐尔达什·埃马托夫上校乘车赶到现场进行实地调查。他做的第一件事是命令士兵将那个地方封锁起来。事后传出的消息说，军人们在那里看到一个椭圆形的金属物体，它的长、高、宽均在5米左右。金属球体下部有短而粗的"脚"，还有一个反推力制动装置，物体上部有一扇紧闭着的门。军事专家们用仪器探测了这个物体，结果表明球体内部没有安放炸弹。7月16日凌晨3时，在数架直升机的探照灯光照射下，埃马托夫上校下令打开球体的门。

专家们听到命令后打开了球体的门，看见里面有一个男婴。乍一看，这个男婴很像地球人，他呼吸缓慢，像是在熟睡。埃马托夫上校立即通过电话同伏龙芝市当局联系，向他们汇报情况并请求指示。10分钟后他得到了答复——伏龙芝医学研究所的一组医生乘专机正在飞往出事地点，负责检查神秘男婴，在此之前，任何人都不得接触那个孩子。后来，人们在金属球体内输入了氧气，并用直升机将球体运到了伏龙芝研究中心。

婴儿身世之谜

埃马托夫上校后来向新闻记者说："种种迹象表明，那是一个外星人婴儿，那架出事的宇宙飞船在危急时刻将其紧急释放到外太空。那个球体十分平稳地着陆了，可见外星人的技术有多么先进。我们完全有把握说，这个球体是一个宇航急救系统。孩子没有受伤。"埃马托夫上校跟他的一位从事宇宙研究工作的朋友秘密讨论了这件事。他的这位朋友证实说，那个球体确实是个救生舱，也许在出事地点周围地区还有这类东西。

男婴体征和面貌

据有关人士介绍说，外星人在地球空间飞行时发生事故，于是在高空将婴儿放入救生舱，向地面释放下来。婴儿落地三个月后，虽经医学专家们极力护理和抢救，终因严重感染，于 1983 年 10 月 3 日死去。

据照料婴儿的一位医生透露，那婴儿很像我们地球人的婴儿，不过他的手指和脚趾间有蹼。另外，他的眼睛是奇怪的紫色。X 光透视的结果表明，他的肌体结构跟地球人一样，但是他的心脏非常大。心脏和其他内脏的位置与地球人完全一样，只是他的脉搏是每分钟 60 次，较地球人来说慢一些。他的血压正常，但大脑活动比地球上的成年人还活跃。开始的时候这个婴儿的健康状况良好，但他最终因为不能适应地球大气条件而死亡。

悬疑奇案

神秘的光环

　　吃完晚餐后，英国圣公会的威廉·梅尔基奥尔·基尔神父到外面散步，他抬头仰望星空时发现金星格外明亮，他心里感到奇怪，难道这个星球有了新的光源吗？

神父的记录

　　正当神父凝视夜空的时候，一些闪亮的物体从不断增厚的云层中闪现，使流云罩上了一层闪亮的晕圈。接着神父注意到几个类似人的生命体从一个中浮现出来，并且在这个飞行物上移动。开始的时候出现了两个"人影"，接着出现了第三个、第四个。附近的人们也都看到了这个奇异的现象，这些目击者中有教师、医生，还有孩子。这个飞行物离地面只有30米高，至少有38人看到了飞行物及上面的人影，整个过程历时约三个小时。

　　基尔神父是一位少言寡语、有些抑郁的人，他把他看到的一切都十分详细地记在了笔记本上，另有25位成年目击者在他这份报告上签了名，报告上标明的日期是1959年6月26日。

第二天发生的事

　　第二天夜里，这个奇形怪状的飞行物又出现了。那时太阳刚刚下山，只见4个人形生物离开了那个似乎是"母舰"的飞行物到舱外活动着，同时还发现了两个小的不明飞行物，一个在神父的头顶上空，另一个在离他不远的山上。

　　"那两个人形的生物似乎在做着什么事情。"基尔神父记录道，"他们弯下腰，偶尔抬起手臂，像是正在调试着某种仪器。"

当其中一个向下看的时候，神父伸出了手臂挥舞着，那个"人"也挥了挥手臂，神父吓了一跳。另外一个目击者举起双手挥了挥，对方也做了回应。

传教团的一位小男孩找到了一只手电筒，照向这个飞行物。只见那 4 个"人"像"钟摆"一样晃动着，飞行器离地面更近了一些。地面上的人群开始高喊着欢迎他们着陆，却没有收到任何反应。"那几个人似乎对我们失去了兴趣，两三分钟后，他们返回了机舱。"基尔神父后来回忆道。

巨大的爆炸声

这个不明飞行物停留在这个传教团上空至少有 1 个小时，后来，随着天空变暗和云层加厚就什么也看不到了。22 时 40 分，一阵巨大的爆炸声震醒了已经熟睡的人们。他们跑了出去，但天空中什么也看不到。

基尔神父把他看到的一切情况报告给澳大利亚空军，后来澳洲空军又与美国空军取得了联系。这位神父承认，他当时认为那是美国最新研制的飞机，但经过证实事发时没有任何飞机抵达那里。没有任何一架飞机飞行时会不发出噪音，也没有任何飞机可以静止悬浮在人们可以看得很清楚的低空而不发出任何声音。那这里的人们看到的一切究竟是怎么一回事？

悬疑奇案

飞行员的报告

1971 年 10 月 3 日晚，一个神秘的火球在日本北海道与东北县之间的上空出现。当时许多正在赏月的人都看到了这一现象，同时，正在该地上空飞行的日本民航班机的机组人员也发现了这个火球。

天文台的解释

对于这件事情，旭川天文台宣布："它是一颗人造卫星，是颗运行速度比较快且只能在几秒钟内看到的人造卫星。人们看到它的时间只有 30 秒钟，所以它可能是一颗坠入大气层的人造卫星。"而东京天文台则声称："这个物体太亮，不是人造卫星，而是一颗流星。"双方都坚持各自的看法。

UFO 的照片

不管怎样，那天晚上有数千人看到了它，甚至有些人还拍下了照片，这些照片几乎是在同一时刻摄于日本的不同地点。10 月 3 日晚 20 时 14 分，北海道的一名新闻记者后山一郎在札幌的一个公园里拍摄到了一个带有红色尾迹的 UFO 照片。在同一时刻，小东安延在札幌用电影摄影机连续拍摄到了拖有一条长长尾迹的 UFO；《读卖新闻》的记者也在北海道上空拍摄到了一个像烟火般的橘红色的 UFO；新闻记者平广在札幌拍摄到一个拖着橘红色尾迹的火球……

18 时 15 分，这个发光物被许多正在青森市码头赏月的人目击到，它不断地改变光的强度，似乎正在爆炸且作最后的燃烧。《东洋日报》新闻记者拍摄下了这个场面。

飞行员的说法

当时，ANA（全日本航空公司）、JAL（日本航空公司）和 TDA（东亚国内航空公司）等 9 架班机的飞行员都在空中同这个 UFO 偶遇。10 月 3 日 18 时 14 分，全日本航空公司的一架波音 727－200 型（机号 N384PS）客机由东京飞往札幌。当它正在 8 000 米高度飞行时，机长核丸正美看到了一个金色的发光物体。同时，副驾驶松藤丰秋和机械师平野也都看到了这个物体。据机长介绍，这个物体像根木棒，在飞机的右下方飞行，人们可以清楚地看到上面都是像飞机舷窗一样的东西。在这个物体后面有 4 个排列整齐且有一定间隔的小亮点，它们与这个棒状物体同时飞行，并且后面都拖着一条雾状尾迹。这个细长的飞行物看起来有 1 米长，它向东南方向飞去，高度约 1 200 米，它的飞行速度比喷气式客机的速度还要快。当天天气晴朗，目击时间大约一分钟。18 时 15 分，全日本航空公司的波音 727－200 型（机号 JA8335）68 次班机由札幌飞往东京，它在 7 800 米的高空飞行，机长山田见二和副驾驶石彭绍夫发现一个巨大而又神秘的物体出现在飞机左侧约 90°角的位置，它与飞机在同一个高度飞行了 20—30 秒。据他们说，该物体有 200—300 米长（机长估计有 1 000 米），10—12 米高。这个庞然大物的外表没有任何特征，发着耀眼的金色光芒。机长还看到，它后面一闪一闪地发着光。此外，机械师说，该飞行物的前面是一小片可见的红光，比波音 727 客机大 5—20 倍。机械师还说，物体上的这些小红亮点离开主体之后就消失了，随后主体也消失了。由于机组人员也是第一次目击到这种庞大的物体，所以谁也不知道它究竟是什么。

岛田俊夫提供的情报

当天 18 时 14 分，日本航空公司的波音 727－200 型（机号 N548PS）71 次班机（从东京飞往札幌）正在 3 300 米高度飞行。突然，在该机前方 8 000 米处有一发光物朝飞机迎面飞来，它以 10°角在爬升。当飞机爬升到同样高度时，才看清楚这个物体不

是飞机。据机长岛田俊夫讲，这个物体最初发出很强的白光，当飞机上升到 4 200 米时，才看清它是个雪茄状的物体，在它上面有类似飞机舷窗那样的东西。它在水平方向与飞机成 57°角飞行，它后面喷射出火焰般的东西。飞行员们默默地看着它钻进厚厚的云层里不见了，目击时间 30—40 秒，它的亮度在月亮和星星之间，速度近 8 马赫。

10 月 3 日全记录

10 月 3 日晚，全日本航空公司的 YS11 型（机号 JA8728）684 次班机由广岛飞往东京。18 时 12 分，当飞机处在距大岛以东 24 千米处的 4 500 米高度的地方时，机长市川秀一和副驾驶中村都平突然发现了一个细长的圆棒状发光物。这个发光物显然是从云层里钻出来的，它向东水平飞行，15 秒钟后便钻进云层消失了。它的亮度约为月光亮度的 60%—70%，颜色由红色和橘红色组成，看上去有很多斑点。

10 月 3 日晚，东亚国内航空公司的 YS11 型（机号 JA8676）203 次班机从东京飞往札幌，飞机处于 2 700 米高度以巡航速度飞行时，机长足立夫、副驾驶青木干二在八户以东的海面上看到一个巨大的发光物出现在飞机上方。该物呈白色，像彗星一样拖有一条长长的尾巴，后方喷出火焰，它与喷气式客机的速度相同。

10 月 3 日 18 时 12 分，全日本航空公司的 YS11 型（JA8761）814 次班机从仙台飞往东京，当飞机还在仙台机场跑道上滑行时，机长横山正雄和副驾驶松村邦久看到了一个巨大的圆形发光物，它看起来比人们平常所见的金星大 3 倍，从东北向东飞行（仰角为 30°）。当他们惊奇地注视并判断这个物体是不是飞机时，它开始喷射出一条长长的火焰。同时，两名地勤人员在机场的指挥塔上也看到了这个红色碟形物体，它后面拖着条很长的尾迹，高度约 4 500 米。一架 C130 型运输机在着陆时，也发现了这个不明飞行物。

日本自卫队空军基地的雷达 18 时 18 分也发现了这个不明飞行物，当时 F86 式歼击机紧急起飞去追击，却一无所获。

W外星人与UFO悬疑奇案

WAIXINGREN YU UFO XUANYI QI'AN

世界UFO事件

悬疑奇案
神秘飞行物首次显身

1947 年，商人凯尼斯·阿诺鲁特无意中看到了奇怪的高空飞行队。新闻一经发布即刻轰动了全世界，而"在空中飞行的盘子"一词也随之出现了。但事情并未到此结束，一个月后，他被卷入了一件又一件的怪事之中……

雷伊尼亚山上空的"空中飞碟"

飞碟并不是一种新鲜事物，在古代人所绘的壁画中已经可以看到不明飞行物了。而在魔鬼传说盛行的中世纪，也有不少关于不明飞行物的描述。至于飞碟的英文名称"flying saucer"，则是在无意中产生的，时间始于 1947 年。

"flying saucer"直译为"在空中飞行的盘子"，这个名字很快就传遍了全世界。而创造了这个名词的人就是前面提到的飞行爱好者凯尼斯·阿诺鲁特。

发现飞碟

1947 年 6 月 24 日午后 2 时，阿诺鲁特正驾驶私人飞机从华盛顿州的吉哈里斯回雅其马镇的家中。出发后不久他就收到空军传来的无线电，要求他搜索一架在雷伊尼亚地区失踪的海军运输机。阿诺鲁特接受请求后便改变方向朝着雷伊尼亚山飞去。午后 3 时前后，阿诺鲁特飞到了雷伊尼亚山上空 2 900 米的地方。

就在他享受驾驶乐趣之时，机身突然出现一阵令人目眩的反光，阿诺鲁特连忙往四周看去，只见左上方有 9 架飞机正排着队以极快的速度飞向雷伊尼亚山。开始时他以为那是空军的战斗机，然而，那些飞机正在作大角度的急速

上升和下降。而且，可以确信的一点是，那种速度当时没有任何飞机办得到。于是，阿诺鲁特又想可能是新研发出来的机种吧！他无法看清那些飞机的轮廓，因为，太阳光太强烈了。

阿诺鲁特用手边工具测算了一下那些"飞机"的大小和速度。结果他被吓了一大跳，因为这些飞行物体的编队长达8 000米，每一架飞行物体的长度约15米，更令他吃惊的是，它们的速度竟然达到时速2 700千米。这太玄妙了！正在他发呆惊叹之时，飞行编队的最后一架飞机已经远去了。

得到空军勋章的阿诺鲁特

阿诺鲁特驾驶的飞机在雅其马机场着陆后，他马上就跟朋友说他看到了不可思议的飞行物体。到了次日晚上，他的奇妙经历已经传遍了美国各地，空军总部颁发给他一枚勋章。

阿诺鲁特回忆说："我看到的物体总数有9架，它们像在水上滑行一样地飞行。形状就像两个咖啡杯盘合起来一样。"

自从阿诺鲁特用"空中飞的碟子"来称呼这些不明飞行物后，"飞碟"一词便成了UFO的代名词。

有故障的飞碟丢下的黑色物质

在阿诺鲁特的UFO目击事件热潮刚过不久，1947年7月末，阿诺鲁特接到一名男子寄来的信。信中表示他也曾看到过飞碟，对于这次事件的真相也许可以提供一些情报。

1947年6月21日，那名男子在太平洋沿岸一带的海域游弋。船上除了他之外还有他的儿子，以及他所养的宠物狗。当时云层很低，像要下雨的样子。忽然在云层中出现了6个怪物向他的船飞过来。起

先他以为是气球，但这些"气球"飞行的速度实在太快了，瞬间便飞到了船附近的上空。定睛一看，只见 6 架飞行物体中的一架好像出了故障似的，飞得很不平稳，几乎快要坠入海中，其他 5 架就在它的周围来回地飞。这群飞行物体是银色的，从外观上来看只有窗子，似乎并没有喷气引擎，飞行时完全无声，就像是在空气中滑行一般。

在故障机体周围飞来飞去的飞碟中，有一架忽然靠近那架故障机体，双方几乎就要碰在一起时，故障机发生了爆炸。同时，由故障机体的中心部位丢出了一些闪着光芒的白色金属片，接着又丢出一些像熔岩般的黑色物质。这些物体一落到海里，就发出了"咻咻"的声音，使周围的海水沸腾了。

那名男子感觉到自己的处境很危险，便将船朝岸边驶去。不久，其余 5 架飞行物体便提升高度，飞到云层中去了。于是，那名男子又回到海上捡了些黑色的碎片带回家中。

莫里岛事件的证据和证人消失了

可事情并未就此结束，隔天便有一个皮肤黝黑的男子去找那名目击男子，并对他说："你那天在海边看到的事绝对不要跟别人说，这是为了你好。"然后就消失不见了。那名男子真被搞糊涂了，究竟他看到的是什么东西呢？那个神秘男人又是谁呢？就在此时他听到了阿诺鲁特的事，所以他便寄出了那封信。

另一方面，阿诺鲁特接到信后，就马上动身前往莫里岛。在莫里岛，阿诺鲁特看到了那个男子在信中所提及的金属碎片。

阿诺鲁特发觉事态严重，便和他的空军朋友史密斯上校正式展开调查。但是结果却令人大失所望，飞行物体中心部分所放出来的东西有一种是管子的内衬，另外一种则是大型军用机常用的铝。不明所以的阿诺鲁特带着空军的情报员去见那名男子。但那名男子一看到那个情报员忽然改变了态度，故意装得傻傻的，矢口否认曾经见过不明飞行物。

是什么改变了那名男子的态度，是否真的有飞碟，也许在不久的将来，科学会告诉人们真相。

悬疑奇案

UFO 与西伯利亚大爆炸

巨大的蘑菇云直冲云霄，在几百千米外都能听到震耳欲聋的爆炸声，各地地震测量器的指针一直在晃动。甚至远在巴黎、伦敦的人们，不用电灯都可以看报纸。而在爆炸范围 2 000 平方千米以内的树木也被扫平了……

"末日来临"

西伯利亚大爆炸可能是人类有史以来最大的一次劫难。一艘遭到打击的星际飞行器突然改变了航向，朝离它最近的一个星球撞去，并在距这个星球表面 1 千米的地方突然爆炸，发出了令人眩目的闪光。这件事发生在地球上的俄国西伯利亚地区上空，时间是 1908 年 6 月 30 日。这就是 20 世纪最令人迷惑的 UFO 事件之一——西伯利亚大火球。多年后，人类在核武器和太空竞赛方面所取得的成就给这个事件的解释带来了新的曙光。

俄国的目击者把这个火球描述为一个圆形管状物，闪着蓝白色的光，拖着一条色彩缤纷的尾巴。它的高度越来越低，早晨 7 时 17 分，传来了爆炸声。对于住在这块荒凉而人烟稀少的森林和沼泽地区的农民来说，这种爆炸声不亚于世界末日来临的征兆。

"接着，便出现了一阵炽热的闪光。"农夫瑟奇·西门诺夫说。他的家坐落在万纳瓦，离爆炸中心 40 千米。爆炸发生时，西门诺夫正坐在门

31

廊里。"热浪从背后袭来，以致于我不得不站起来，我所待的那个地方已坐不住人了，我的衬衫差不多都要在后背烧着了。一个巨大的火球笼罩了大半个天空，后来，天空变得一片漆黑。"

几秒钟后，强大而灼热的震动冲击波袭击过来，许多人被击倒，西门诺夫也被击倒，并失去了知觉。天花板塌了，墙裂了，窗子咔咔直响，玻璃被震得粉碎，石块与泥土被炸开了，飞上了天。

离通古斯河较近的地方，毁坏更为严重。通古斯地区的一名导游伊万·波塔波维奇告诉调查者："当我的亲戚去寻找驯鹿时，只发现烧焦的驯鹿尸体。仓库没能留下一间，衣服、房内的家具、马具等等全烧成灰烬甚至熔化成金属疙瘩。"

大爆炸的震动波

西伯利亚大爆炸火焰冲天，爆炸声惊天动地。离通古斯河250千米远的基廉斯克城的人们也看到了这场可怕的灾难。随着灰烟被爆炸引起的大风卷起，通古斯河上空形成了12千米高的浓厚烟云，雷鸣般的响声传到50千米以外。离通古斯河南部550千米的伊尔库茨克的一个地震仪中心，记录地震频率的指针在剧烈颤抖。爆炸所形成的

冲击波甚至震碎了375千米以外房屋的玻璃。

5小时后，英国观象台注意到有强烈的空气流穿越北海。后来当世界各地的专家比较事发记录的时候，发现由西伯利亚爆炸所引起的震动波已两次包围了地球。

后来，当考察探险队到达这个地点时，他们才明白了为什么会有如此大的影响。

40千米范围内的树木基本上都已被折断或被烧成灰烬。高高耸立的参天大树诸如落叶松或被连根拔起，或被折断，仿佛它们是刚长出的嫩枝那么弱不禁风。俄国科学院第一支调查队队长列尼·古力克报告说："这个沼泽地区的煤泥被翻了浆，整个地貌遭到巨大的毁坏。河道受到破坏，水四处漫延，使数百平方千米的土地成为泽国。坚硬的地面被巨大的冲击波掀上了天，留下一片片凹凸不平的污黑泥潭。"列尼推断说："这次爆炸是由一个巨大的陨石流星引起的，还伴随着一阵猛烈的陨石雨。"

这个假设并非无懈可击。在美国的亚利桑那州有一个深达170米、宽达700米的陨石坑，这是迄今人类所知的最大的陨石坑之一。但西伯利亚的爆炸与它情况不同，尽管数千米范围内的树木被吹倒，但在爆炸中心，仍有一些树木奇怪地耸立着，尽管它们的叶子和枝干已经失去了。而且在爆炸中心地区，既没有陨石坑等陨石落下的痕迹，更找不到落下来的陨石。

核武器爆炸

关于这个火球，科学家们争论了许多年。直到1945年，美国在日本广岛上空540米处爆炸了一颗原子弹。当时苏联科学家亚历山大·卡赞索夫考察广岛之后，顿时觉得，这种灾难景象与西伯利亚当年的景象何其相似！

在广岛，树木被冲击波刮倒，房屋和建筑都统一向某个角度坍塌。在1908年的西伯利亚，人们也同样看到了蘑菇云、令人眩目的闪光、冲击波以及碎片黑雨，但是这比人类发明核武器早出现了40年。

有些科学家赞同用核武器爆

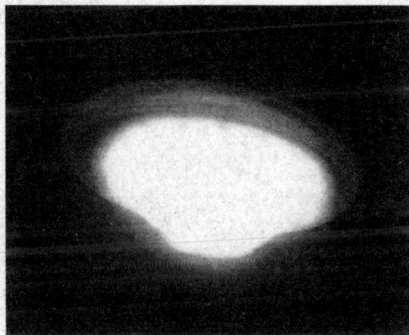

炸的观点来解释西伯利亚的火球，但不完全排斥外星人太空飞船爆炸的假设。在苏联和美国进行了氢弹试验后，苏联的科学家就氢弹试验现场的情况与通古斯地区的景象做了比较。1966年，苏联的调查队员朱拉维耶夫、狄门和狄米娜发表了一篇研究论文，宣布西伯利亚火球是一次剧烈的核爆炸。

苏联UFO权威航空研究院的菲里克斯·齐盖尔教授和地质学家佐罗托夫重新调查了西伯利亚出事地点，发现这片被毁坏的地区不是椭圆形而是三角形。佐罗托夫认为，当火球爆炸时，爆炸物质是在一个"容器"里面，它的外壳是非爆炸物质。

爆炸余威

亚历山大曾说："我们不得不承认，那个很久以来被认为是由陨石雨造成的西伯利亚大劫难，事实上是由某种非常巨大的人造结构的物体引起的，其重量超过50 000吨。我们相信这是一艘太空飞船，当它准备在地球上着陆时爆炸了。"

西伯利亚事件也许是人类有史以来最大的一次太空劫难。很多西伯利亚农民也无辜地死于这次劫难。而且，在劫难降临前，通古斯河周围村落的居民以健康长寿而著名，许多人活过了100岁。但1908年之后，这里的人夭折于"奇怪疾病"的数目迅速增加，直到人类发明了原子弹之后，科学家们才将这种"怪病"命名为核辐射病。

悬疑奇案
举世瞩目的飞碟坠毁案

1947年7月，美国空军在小城罗斯韦尔发现了一个破损的不明飞行器。1995年春天，当一位英国制片人宣布拥有一部记录解剖一个外星人尸体过程的影片时，这个早已被人们忘记的事件又一次成为人们关注的焦点。

发现残骸

1947年7月6日，农民威廉·W·布雷泽尔来到了罗斯韦尔小城，他来给乔治·威尔科克斯郡长看他在位于本市以北130千米处自己农庄的田地里发现的几块奇怪的残骸。郡长面对碎片也不知如何处理，就把它们交给了驻扎在距离罗斯韦尔不远的美国空军基地。基地司令布兰查德上校看了残骸样品后，命令负责安全的军官杰西·马塞尔少校赴农民所指的地点考察，马塞尔要求负责反间谍工作的谢里登·卡维特与其一道前往。次日，布雷泽尔带领杰西·马塞尔少校和谢里登·卡维特上尉到达残骸现场。两位军官用一整天时间收集碎片，虽然收集的残骸装满了两辆汽车，但是现场仍然留有许多残骸。

在空军基地，布兰查德上校做出三项决定：第一，封锁现场——军警在紧接着的几个小时内完成了封锁任务；第二，发表一项新闻公报宣布发现一个"飞碟"；第三，派遣马塞尔少校将残骸碎片送给美军第八军司令部空军军区司令雷米将军。

公布于众

当天公报被送交给罗斯韦尔地方新闻机构。很快，基地便接到一连串的询问电话。此时，布兰查德上校要离开基地去度假三周，像从未发生过任何事情一样，甚至在雷米将军看到残骸碎片之前他就离开了基地。

当天晚上，雷米将军将马塞尔送来的残片摆在办公室，接着召见新闻界对罗斯韦尔上午发布的新闻公报辟谣。专家对残片进行了鉴定，判断那些残骸其实是一些无线电高空测量用的气象气球的碎片，它们还散发着强烈的氯丁橡胶的气味，并且上面带有先进的通信装

35

置。这一辟谣，对罗斯韦尔的军官们造成了极大的伤害和侮辱。

澄清事实

时光飞逝，1978 年 2 月 20 日，退休赋闲在家的马塞尔少校向不明飞行物爱好者斯坦顿·弗里德曼做了一些披露。他坚信军队隐藏了在罗斯韦尔回收的真实残骸。他本人 1947 年在布雷泽尔的农庄捡到的残片绝对非常奇特，绝不是那些碎橡胶片。

其他目击者也出来支持少校，其中有雷米将军的助手托马斯·杜博斯将军，他当时是上校，他确认是服从五角大楼的命令用假碎片替换了那些真正的残骸碎片。

此外，不明飞行物研究中心（CU-FOS）的调查人员收集到的新的证明材料使事情变得更加扑朔迷离了：据说，在发现残骸现场之前，位于第一个现场不远的地方还存在一个第二现场，有人在那里回收了一个内部留有类人生物尸体的遇难飞行物。

军队的反应

面对舆论的质疑，美国军方仍持沉默态度。新墨西哥州的共和党议员史蒂文·希夫向国防部索要有关罗斯韦尔事件的材料。军方最终的答复是从未收到过任何有关材料。他被这种不实事求是的态度激怒了，在 10 月份的国会上强烈要求展开公开的官方调查。

1994 年 2 月，军队受到的压力越来越大，他们不得不又回到 1947 年的立场，重新回到原来的解释上来。在 1994 年 9 月发表的一份 22 页的报告中，称此事不再是"一个气象气球"问题了，而将其说成是一系列用于试验对苏联原子弹爆炸声音进行探测的最新式的秘密气球。

电影胶片风波

1995 年初，伦敦默林集团经理、英国制片人雷·桑蒂利自称他从美国空军的一位摄制人员处购买到一部反映解剖 1947 年在罗斯韦尔

回收到的一个外星类人生物尸体的电影胶片。从 6 月份起，全世界都放映了这部电影。这部电影的放映立即引起了轩然大波。

综合分析

有人总结了罗斯韦尔事件发展的脉络，并对其进行了系统的分析。

农民布雷泽尔发现残骸。这是事件源头，布兰查德上校的新闻公报宣布发现了一个"飞碟"，接着当天晚上雷米将军又对此辟谣。这是档案材料中最可靠的部分。

是否在另外一个现场发现了一个不明飞行物以及外星类人生物尸体，至今事实仍模糊不清，各种说法都有。但是无论如何，获得的证词比较一致地认为发现的日期同发现第一现场有几天之差，这个时间大约在 1947 年 7 月初，是在农民布雷泽尔 7 月 6 日发现残骸现场之前不久。证词对尸体的描述同样比较一致，都描述为身材矮小，脑袋很大。这是事件的关键部分，其中的疑点较多。

那条电影胶片以及所谓的外星人尸体，雷·桑蒂利未就其资料的真实性提供任何证据。几乎所有调查员都揭发该影片为伪造品。有人甚至认为那纯粹是欺诈，还有人倾向于认为这是一些为了误导专家而暗中破坏正在进行的有关罗斯韦尔事件的调查，使用高超的技巧策划出来的骗局。电影胶片似乎越来越不可信了。

尾声

1994 年 9 月，在国会议员史蒂文·希夫的强烈要求下，政府的总审计局发布了《空军就罗斯韦尔事件的研究报告》，以及一些 50 年来一直在五角大楼被列为机密的文件。

根据国会审计局的报告，罗斯韦尔基地行政当局自 1945 年 3 月至 1949 年 12 月的档案均已销毁，军方无法解释是谁以及为何要销毁这些档案，仅剩下的两份相关文件是目前仅存的官方档案。最重要的文件被销毁为案件的侦破制造了难以逾越的障碍。

而五角大楼声称，军方之所以将该报告列为机密文件，并且断然销毁，只是因为报告中提到了第 509 轰炸联队，这是当时美国唯一的核打击力量，必须绝对保密。向广岛投下原子弹的"Enola-Gay"号飞机就是以罗斯韦尔为基地的。

如此，罗斯韦尔事件便不了了之，要弄清此事件的真相似乎已经不可能了。

悬疑奇案

人类与UFO的空中较量

1948年10月的一天，21时，北达科塔州伐可基地早已被夜色笼罩。当天与同事结束P-51战斗机训练飞行的可曼少尉正要返回基地的时候，忽然看到飞机下面有奇怪的光芒。于是他朝着光芒飞去……

纠缠不清的空战

刚开始时，可曼的好奇心并不大，他以为那是只气球呢，但在300米高度的地方，仍然可以看到先前看到的亮光。控制塔副控制官接受可曼少尉再确认的请求后，抬头看着天空，只见在小型飞机的上方有清晰的白色光亮，那个发光体正以极快的速度向西北移动。

两三分钟之后，可曼少尉就追了上去。当时高度约300米，发光体以时速4 000千米有规律地移动着。可是，每当可曼少尉一接近它，光体就向左旋转，可曼少尉紧追不舍，但光体又快速转向且向上爬升，可曼少尉也追了上去。此时高度为1 500—2 100米。光体的速度越来越快，可曼少尉眼看已经追不上了，便先发制人发动攻击。当光体左转时，他便以最快的速度从右边展开攻击，本以为这次大概免不了要发生冲突了，但光体却从他的飞机上方约150米的地方飞过去。在交火的那一瞬间，他看到光体直径约20米，有白色光芒。

上升之后，可曼少尉再次看到那个光体。但这一次光体却向着可曼少尉直逼过来，此时光体已不再闪烁，而是呈现出雪白的光芒。在发动攻势之前，光体再度急速上升，可曼少尉连忙追了上去。

可曼少尉让飞机上升到了4 300米的高度，可光体却在大约6 000米处轻松自在地飘浮着，似乎在戏弄可曼的P-51。可曼少尉一展开攻击，光体便向后退，然后迅速地反击。可曼少尉闪过之后，左转回

身反击。双方对峙着，可曼丝毫不占上风。

当可曼的飞机急速下降时，光体立即上升。光体在上升途中更改方向继续上升，不久就消失了踪影。21时27分，20分钟如噩梦般的空中战斗终于结束了。

可曼看到的 UFO

UFO事件让美国航空宇宙技术情报中心在24小时内开始展开调查，但是一点线索都没有。当时，附近没有其他飞机存在，仅仅在东北部有观测极光的活动。经检验可曼的 P–51 飞机比同型飞机的放射能高出了许多，但被认为是长时间在高空飞行的结果。可曼的证言也含糊不清。

在正式记录上，情报中心将可曼描述的"迷你UFO"说成是气球，但是对与UFO在空中激烈交战的过程仍无法确切地说明。此事最后不了了之。

悬疑奇案

UFO 神秘着陆于空军基地

英国空军司令长官乔治提供的一份报告称："1980 年 12 月末，像火球一样的 UFO 在驻扎于英国的美军空军基地附近的森林里着陆了，有很多人都目击了这次事件，基地的中校还提交了一份正式的书面报告。"

报告发表后的事件追踪

为了确定这份报告的真伪，许多人打电话访问乔治中校，但是他却在电话中含糊其词，未正面答复，只说："若对这件事说明的话，处境就很危险了。"这更引发了人们关于此事的议论。

在这之后，同一家报社的记者又采访到一条新闻，就是离现场约 80 千米的诺佛克州的伍顿英国空军基地，在事情发生的同时，他们的雷达也捕捉到了 UFO 的踪迹。

据在荧幕上追踪 UFO 的技师说，UFO 瞄准东海岸，以惊人的速度冲向目标，在雷德夏姆森林附近从雷达屏幕上消失了。

另外，美国空军的情报官在事情发生以后，到伍顿英国空军基地查访并扣押了雷达记录，并对该地区雷达站的记录影带进行了分析。

那个着陆的飞行物体是不是属于军方最高机密的"太空船"呢？但是，这样的推论还缺乏有力的证据。手中的资料毕竟太单薄了，无法证明这一切。

司令官"外星人"的"会谈"

1980 年 12 月 30 日上午 12 时一过，班特瓦达美国空军基地的士兵罗理·威廉突然被召集并被带到雷德夏姆森林。在森林的边缘走下吉普车的他被编入 4 人一组的小队并被带入森林。

之后，他听到此起彼伏的无线电声音，森林上空也有飞机来回地盘旋着，在密林深处有人哭泣的声音，还有一群士兵在准备着什么。

当时现场的气氛非常紧张，似乎要发生什么重大的事情。在前方可看到透过树叶缝隙的黄色光亮，威廉一靠近，就有一种很像阿斯匹林药片的味道飘过来。这个发光东西的内部透明，并充满着一种像是

黄色烟雾的东西。

大约5分钟之后，放在地上的无线电突然有了信号，接收到了从飞机上传来的飞行员紧张的声音。

"喂！那些家伙来了吗？"威廉抬头往上一看，一些红色的光团从天而降，直到贴在浮在地面上的黄色物体上面才停止移动。看来，真的要发生什么了。

紧接着，一个被认为是太空船的东西出现了。这个物体是用金属制成的，直径大约6米。表面覆盖着管状或真空管之类的东西。由于队长的命令难违，威廉一行人只好硬着头皮向太空船走去。

不久，从机体的下方射出一道圆柱形的光，在黄色光柱的包围下，出现了3个身高约30厘米的生物，在离地30米处，排成一列，轻飘飘地浮在空中。

这些家伙的头跟身体比起来，显得过大；皮肤是绿色的，穿着黑色银光外衣；鼻子和嘴巴都很小，没有耳朵；眼睛则像盘子一样大，而且不时滴溜溜地转动。

不久，基地的司令官哥登威利安将军也到这里了。他向UFO走近，而且不时和旁边的将领士兵们交谈着。突然，在威廉面前的3个生物合成一体，往司令官的方向飞去。

飞到司令官旁的生物，摆出脖子向后扭转并且抬头往上仰看的姿势。司令官大吃一惊，身体由于紧张而显得十分不自然。

在司令官与外星人的这次会晤中，威廉看到司令官做了好几次点头的动作，但是却听不到他们交谈的声音。

大约20分钟后，司令官下命令让围在UFO旁边的士兵通通撤走。

之后的事情

返回班特瓦达基地之后，威廉想马上倒在床上大睡，可是偏偏睡不着。当他睡着时，时针指到6时的位置了。

"好像捉到UFO了！"

"军方帮忙修理因故障迫降

的 UFO。"

当威廉醒来时，有关这件事的臆测在基地内传播开来。确实有人看见一辆吉普车，上面堆满了从西德秘密运送来的飞机零件器材，并开往雷德夏姆森林。

他又听说，在他们离开那里大约 15 分钟后，那些生物回到它们的飞行器中，然后以很快的速度上升，飞离那里。

威廉醒来后，和到过 UFO 着陆现场去的士兵们一起在基地内接受放射能的检查。然后，包括威廉在内的下级士兵还接受了政府派来的 CIA 人员一连串严格的调查、询问。

"任凭谁也不会相信这样的事情吧！你们回到原本平凡普通的现实生活里，把这件事忘掉！"CIA 人员这样告诫他们。

威廉随后被军方劝退回家⋯⋯

实验测试

纸总是包不住火的。面对舆论的种种猜测，政府面临着巨大的考验。

"政府隐藏这件事的真相的目的，是要隐瞒某个大计划。在英国的上空，进行属于军事最高机密的'太空船'实验，这似乎是一个非比寻常的计划。"舆论普遍这样认为。

这个神秘事件的开头——赫特中校的报告书，是在事情发生后的第三年，因美国《情报自由化法》的颁布，才由政府向大众公布的。

1981 年 10 月，已经改名为亚特·威廉的罗理·威廉，应日本电视台之邀，同意在电视上现身说法。

他将"将军和外星人会晤"这件事也透露出来，如果威廉的证言属实的话，那么可以确定美国政府已经和外星人有所接触了。

那天夜里，在森林里着陆的，真的是从外星球来的太空船？或者是英美共同的秘密实验？真相的调查一直没有进展，但是两名女性 UFO 研究者珍妮兰杜和布琳达巴特拉从事情的发端开始，就一直很仔细地调查，陆陆续续得到一些新的情报，也许真相即将大白于天下。

导航灯之谜

班特瓦达空军基地的电气工人亚当斯·赫拉，在事后被通知去修理空军基地跑道上的电灯。

导航灯的损坏程度非常严重，从损坏的程度来看，一定是受到物体严重的撞击。而住在 UFO 着陆现场——星期五街附近的克拉克兄

弟所说的话也很有趣。他们说，12 月 27 日以后的数日里，电视和电灯产生了忽停忽亮的怪现象。而且在这之后，就看到森林里和森林附近有一大群士兵，似乎正在为什么事而紧张地忙碌着。

机场作业明显表明军方在进行善后处理和消灭证据工作。

军方的"谎言"

乔治中校及当时基地与此事件有关的军事人员对关于 UFO 着陆和有关外星人的事都矢口否认。美国的 UFO 研究者拉利佛斯特也说，他听到过否定是外星人的说法，他也曾试着打电话给当时基地的司令和威利安将军，但他们并不在家，他们的妻子都表示不清楚这件事。

然而，疑点又一次展现在人们面前：没收伍顿基地雷达记录的情报局人员的言行颇令人费解。情报人员告诉承办的官员"UFO 发生故障紧急迫降，司令官赶去和外星人会面"之后离去。如果真的发生了这样的事的话，这应该是属于最高机密的情报。为什么 CIA 会不假思索脱口而出呢？这可能是军方设置的障眼法。

一种假设

一种可能的假设是，美军在英国的上空进行了开发中的"UFO 秘密武器"的实验。但是时间出了差错，致使"UFO"非紧急迫降不可，于是，失去控制的"UFO"试着紧急降落在就近的空军基地上。这时，"UFO"将基地飞机跑道上的导航灯撞坏，而且迫降在雷德夏姆森林。军方立刻派部队赶往现场，收回这种秘密武器。"UFO"在猛烈撞上导航灯时受到损坏，引起核污染外泄。事件发生后美军在 12 月 27 日到 30 日间展开了大规模的回收作业。而且情报局也在没收雷达记录的同时进行搅乱情报的工作。他们将秘密武器说成是"UFO"。

这样，英美导演的 UFO 事件便粉墨登场了。但这些仅仅是后人的一种推论，事件的真相到底如何呢？还需要人们去探究。

悬疑奇案

华盛顿上空的 UFO

1952 年 7 月 19 日晚上，华盛顿国际机场管制中心的管制官艾德华·诺杰特在雷达荧幕上忽然看见了 7 个成群出现的光点。诺杰特开始还认为是雷达机器故障，但情况似乎并不那么简单……

来去匆匆的光点

当飞行物体侵入雷达的扫描范围时，一定会先从边缘描绘出一个连续的轨迹，如果不是的话，那只有从遥远的大气层急降下来，或是从地面上垂直升起。紧盯着雷达说不出话来的诺杰特指挥官又一次惊呆了。7 个光点中的 2 个，骤然停止了移动，突然间从雷达的荧幕上消失了。光点出现的方式异常，又以异常的方式"蒸发"掉了。这让诺杰特指挥官感到事情不像想象中的那样简单，于是迅速通知在邻室待命的庞兹主任过来，并指给他看雷达上面的光点。

对"光点"的分析

在安德鲁兹空军基地，从雷达上光点的移动可计算出它的飞行速度。它们刚开始的时速只有 200 千米左右，但后来好像接到了什么指令似的突然加速，以时速 11 700 千米的速度向北方飞驰而去——白宫上空被侵犯了！谜一样的飞行物体的目击者不只是机场的指挥官和基地的官员，在这附近飞行的客机上的服务员和乘客，也都亲眼目睹了这群飞行物。其中一架飞行物还追在一架欲降落的客机后面，好像在威吓客机。这些不明飞行物体，让整个华盛顿惴惴不安。

戏弄 F-94 战斗机

但这远未达到不明飞行物的预期目标，它们又开始了新的活动。只要看雷达上它们嚣张的姿态，便可知道它们的示威意图。其中有一个物体以非常快的速度滑动着，突然向反方向继续前进，这以人类的科技水平根本无法办到。这些飞行物体到底用什么方法，居然能不受空气阻力和地心引力的影响？

凌晨3时，空军被迫下令两架F-94战斗机升空迎击。当战斗机一飞抵现场，这些怪物群的编队就一起从雷达上消失了。战斗机为了寻找怪物群的踪迹，一直在华盛顿的上空搜索，但是，结果令人大失所望。

而后F-94无功而返。这时候，先前那些飞行物体好像就是在等待这个机会似的，又再度从天而降，不久又在四周飞行打转示威……

谜一样的东西

在雷达荧幕上的光点，果真是飞行物体吗？会不会是气象开的玩笑呢？可是经验丰富的指挥官，难道会看错？他会将区域内的标识误认为是外侵的飞行物体吗？雷达上的光点的确是某种东西的踪影，因此第二种可能性被"抬"出来，可能是大气的气温逆转层在作怪吧！

然而，每一个指挥官都指证，雷达上的光点是由固体物质所反映出来的。而且客机的飞行员和安德鲁兹基地的官员安杜路斯都是目击证人，因此气温逆转层的说法行不通。

怪物归来

1952年7月26日晚上，华盛顿的上空再度出现和上次一样的不明飞行物。这次的飞行队伍好像要把整个华盛顿市区包围住似的，它们在空中排了一个连接汉德、巴基尼、阿诺德三个空军基地的半圆形弧线。

这次美军似乎早有准备。以华盛顿机场为首，这一地区的机场管制塔台都在追踪雷达上的光点，而在这一区域内飞行的飞机，也不断地和控制中心保持联络，交换飞行物体的行进信息。

　　就在空军待命之际，在白宫聚集了海陆空三军的高级将领，讨论应该针对这些不明飞行物采取何种行动，并且不断地慎重考虑相关细节：受命出动迎击的队伍，能允许他们进行何种程度的追击？在何种情况之下将对方击落等问题。

　　最后，军政双方达成一致，决定不以武力方式来解决此次危机。

飞碟是自然现象吗

　　次日凌晨2时40分，空军的两架F-94战斗机向飞行物体的方向出发。可是飞行物体又再度消失在黑暗中了，F-94战斗机又一次无功而返。一回到基地，那些飞行物体故伎重演，再度出现在雷达的扫描范围内。

　　F-94战斗机再一次受命出发。这次飞行物体似乎不为所动了。前去迎击的飞机，在经过数分钟追逐后，飞行员了解到要追上它们简直是不可能的事，于是放弃了追逐。不明飞行物觉得没意思便又一次隐遁了。

　　7月29日，军方举行了记者招待会，空军的情报部部长在会上说明，这些飞行物体群只不过是受气温逆转层的影响而在雷达上反射出来的光点而已。

　　但F-94飞行员仍确信自己观测到的飞行物体是坚硬的固体物质，而非光线。可是空军为了避免引起恐慌，便采取了这样的权宜之计。

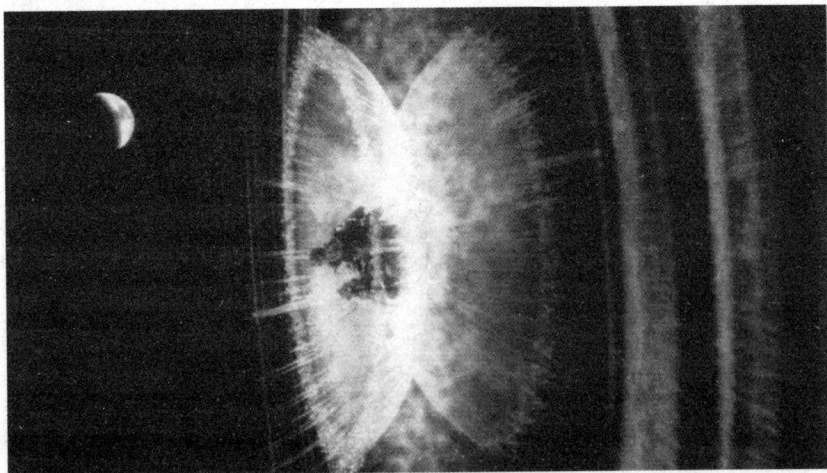

外星人与UFO悬疑奇案

WAIXINGREN YU UFO XUANYI QI'AN

外星人暴行记录

悬疑奇案

神秘的劫持事件

　　有记录的神秘劫持案的第一位被劫持者是一位名叫安东尼奥·韦拉斯·波阿斯的巴西青年农民。

奇特的经历

　　据韦拉斯·波阿斯回忆，1957 年的一天傍晚，他在田间劳作时，看见一个发光的、前部带有三个异形尖角的不明飞行物在他的田间着陆。好几个戴风帽的生物从里边出来劫持了他，并将他带入它们的飞行器内。这些生物扒去他的衣服，用一种可能是杀菌剂的物质涂抹他的全身，然后将他带入一个散发着奇怪气味的房间与一个女外星人发生了关系。之后，那个女外星人用手指了指她的肚子和天，便离开了他……

事后风波

　　在多年之后，英国的一家杂志《飞碟评论》才报道了这件事，而且，这一事件受到了前所未有的重视。经证实，韦拉斯·波阿斯在事后生了一场大病，卧床不起达几个月之久，并且表现出典型的被放射线照射过的症状。

另一起案件

　　希尔于 1967 年 12 月 3 日在内布拉斯加州阿什兰附近被劫持，并受到了严重刺激。怀俄明大学的心理学家利奥·斯普克勒亲自向处于催眠状态的希尔提了许多问题。希尔所叙述的被劫持的经过，以及那些外星生灵让他向人类转达的信息与 20 世纪 50 年代的"被接触者"们报告的非常相似。斯普克勒相信希尔的经历是真实的。

悬疑奇案

一家人的奇遇

1978 年 6 月 19 日，约翰带着家人驱车回自己在格洛斯特郡的家。车上除了大人，还有三个孩子。他们到达牛津郡的斯坦福特镇时正好是 22 时 15 分，约翰对这条路非常熟悉，他敢肯定再有 1 小时就到家了。

路遇 UFO

突然，约翰看到 1 000 米远处的上空有一个耀眼的发光飞行物，当时在场的其他人也看到了，那个东西很大，不可能是颗星星。行驶了 1 000 米后，约翰的车与发光体仍保持着原有的距离，他把车停下来想听听有何噪音，正在这时，一道红光闪烁，接着红光变成了白光，这个飞行物变得更大了。天上原本是明月当空，此时却漆黑一片。而且约翰听到了一种沙沙声和火车轮压在铁轨上的隆隆声混合在一起的杂音。

约翰的妻子让车外的约翰快到车里来，飞行物好像要着陆了。他回到车里，开动了车，但是行驶了百米之后，他意识到他们已不在原来的公路上。"天异常黑，我们被一道高高厚厚的篱笆挡住了，什么也看不到。"他回忆说，"这条路弯弯曲曲，忽高忽低，还有几个急转弯。我有一种感觉，即便我的两只手离开方向盘，这辆车也会自动行驶。"

他们的车一个急转弯后，发现自己已身在法明顿，此时已是 22 时 30 分了。随后他们向桥格洛斯特驶去，车上约翰的妹妹弗朗西丝女士注意到，在车右侧约 200 米处还有一个同样的飞碟，当汽车快到家时，那个飞碟消失了。

到家 20 分钟后，约翰打电话给离法明顿 7 000 米远的诺顿警察局，报告他们发现了 UFO。看了一下手表后他大吃一惊，此时已是午夜之后了，而他们本应该在 1 小时前到家的。

接下来发生的事

第二天晚上，约翰顺着昨天的路线去找那条两边有着篱笆的弯路，但是什么也没找到。周末他又去寻找那个飞碟降落的地方，也没发现任何痕迹。难道这一切都是一场梦吗？几天后，约翰发现自己胸口下边出现了红色斑迹，他的妻子左臂和腿上也出现了红斑。他们询问了弗朗西丝，她也长了红斑，挠痒时还抓破了皮肤。更奇怪的是，他们 3 人的右膝下面都有一块无法解释的青肿。

一周后，5 岁的娜塔莎夜里被梦吓醒了，她告诉妈妈梦里有许多奇怪的人盯着她，并说妈妈也在那里。

这个梦使约翰确信，在他们归途的某段时间里一定发生了某种古怪的事。他和妹妹弗朗西丝决定接受催眠术，以弄清那潜意识中的记忆。杰弗里·M·卡特尼大夫为他们做了催眠术，结果令人震惊……

与外星人的全接触

约翰回忆起那个 UFO 在他汽车前方盘旋的情景，它离地面有 30 米高，约翰当时并没有把车开进一条黑漆漆的道路。相反，他把车停了下来，下了车，走进一片白雾之中。至少有 8 个影子般的家伙与他擦肩而过，他们向约翰的汽车走去，把妇女和孩子都带了出来。

"我们一起走到那明亮的光柱下。"约翰说，"走进光束后，我们就向上飘浮了起来。后来，我与三个穿着金属紧身服装、戴头盔的人在一间房子里，房子是圆的，很宽敞。这几个怪人眼睛呈灰白色，脸也是灰的。其中一个用英语告诉我，他们希望对我进行检查。我留下了，妻子和孩子们进了另一个房间。我坐在一张像牙科大夫看牙用的那种椅子上，一个女人走来，把我的一只手放在椅子的扶手上，另一只手压在桌上的一个按钮上。一束强烈的光线照在我的脸上，然后那个女人从天花板上拔下了什么，屋子顿时变黑了。我一下子感到头昏眼花，当我醒来时，看到一个人与那个女人在谈话。他自我介绍叫艾诺克西亚，并且告诉我跟他回到来时的第一个房间去。艾诺克西亚告诉我，有什么东西来了，飞船不得不做短距离的转移。我们感到地板稍微颤了一下，飞船开始起动了。

"后来我问他们，飞船是靠什么动力飞行的？他们说这是一套机密程序，他们正准备把这项技术作为与地球人交换的筹码，以求与地球人和平地生活在一起。这个人带我到了一间被他称为'航行室'的屋子，打开了屏幕，说他想给我展示一下他家乡的图景……"

外星人之家

"屏幕上出现了三个星球，他把它们称为萨尼亚、萨顿和詹诺斯，"弗朗西丝回忆说，"显然，萨顿星球离太阳最近，又紧挨着詹诺斯。这两个星球开始衰退，有不少物体在爆炸。这个外星人告诉我，是一个超级核电站引起了这一系列的反应和爆炸，从而毁灭了这个星球。"

"下一幅画面，"弗朗西丝回忆说，"是一位年轻的金发女人和两个孩子。外星人告诉我，那是他的妻子、儿子和女儿，他们都在爆炸中丧生了。幸存者都逃上了一艘基地飞船，这飞船把他们运送到可以飞往外层空间的宇宙飞船上，以求为詹诺斯星球上的人民寻找一个新家。他们发现了地球，想生活在地球上。"

神秘药剂

弗朗西丝和约翰都回忆起离开这飞船之前，外星人给了他们每人一杯无色的液体让他们喝下去，说："这可以帮助你们忘记这一切。"

如果说约翰一家的说法是编的故事，那么一家人在催眠中都能复述同样的内容，这实在太奇怪了。

悬疑奇案
神秘的死亡

56岁的英国人西格蒙·亚当斯基住在英国利菲市郊。1980年6月11日，他去当地商店买了一袋土豆，然后就再无踪影。5天后，他的尸体在离他家30千米外的土德莫顿的一座煤场的煤堆上被发现。

奇怪的尸体

发现这具尸体的人叫特雷弗·帕克，他说："我一直在这里拖煤，白天我还装了几趟煤，但煤堆上没有尸体。这尸体太可怕了，我不知道他是怎么来的，他躺在一个很显眼的地方。我不敢碰，也不知道他是死是活，所以只得叫警察来处理，同时还叫了救护车。"

西格蒙·亚当斯基的尸体的某部分被腐蚀性物质烧灼，可连法医专家也不知道这神秘物质究竟是什么。病理学家阿兰·艾德华菲博士在检查后断定他死于心脏病，那种神秘的腐蚀物只烧伤了他的头皮、脖子和脑后的皮肤而已。可如果仅仅是因为心脏病发作，那么他的尸体为何又出现在30千米以外的煤堆上呢？那被小心翼翼使用的腐蚀物又说明什么呢？

亚当斯基的太太告诉警察，她丈夫从没到过土德莫顿，一生中从未与那个小镇发生过联系，并且一生小心谨慎，从未树敌。奇怪的是，从他出门后到发现他尸体的5天时间里，竟没有人再见过他。

警察经过一段时间的详细调查，还是一筹莫展。5个月后，事情出现意外的转机，这种转机向更神秘的方向发展，使得整个事件蒙上了一层恐怖的色彩。

"丢失"的15分钟

事情是这样的——5个月后，当时赶到现场的一位警察声称他看到了不明飞行物，时间是11月28日清晨。这位名叫阿兰·古德弗雷的警察那天早晨驱车到土德莫顿镇，他看到在离地面1.5米高的空中有一个物体浮在那里，这物体顶部是拱形圆盖，有很亮的蓝色的灯，其底部频频闪光。当时他想向警察局呼叫，但当时通信系统完全失灵，他于是用笔将这物体画了下来。他的这一目击报告很快引起轰动。UFO的专家对他进行了详细的询问，询问中发现他有长达15分钟的记忆空白，于是专家建议他接受催眠疗法。在催眠中，古德弗雷讲述了那15分钟里的事情经过：当时，有一束光照得他几乎睁不开眼，他看见一个约两米高的人和他在一起，那人戴着帽子，长着胡子，穿着黑白色的套服……还有8个十分矮小的侏儒，只一米左右高，他感觉这些小矮人是那个两米左右高的人的机器人。这些人对他的身体进行了检查。

另一则报道

更有报道称，在亚当斯基的尸体被发现前1小时，有另一位警察也曾在煤堆上空看到过不明飞行物。经过催眠，调查人员认为他没有撒谎。难道，亚当斯基的死亡真的与不明飞行体有关吗？此事件到目前为止，仍是未解之谜。

悬疑奇案

奇异的旅行

　　普通的美国妇女贝蒂·安德雷亚松·卢卡遭遇外星人劫持，开始了一段很长的"旅行"。在外星人貌似普通劫持的表相下，又隐藏着什么样更深的目的呢？

　　从1979年以来，MUFON（不明飞行物互助会）的调查主任雷蒙·福武雷写过四本有关贝蒂·安德雷亚松·卢卡奇特案例的书。这个故事中充满不可思议的异象，全都是在他催眠状态下回忆起来的。贝蒂·安德雷亚松·卢卡的"旅行"使人们立刻想到那不是普通的外星人劫持事件，更像是吸收人们进入秘密组织的仪式。其中也带有涉及遗传方面研究的情节。从20世纪80年代起，巴德·霍普金斯以及戴维·雅各布斯都重点研究了这些现象。哈佛医学院教授、精神病科医生约翰·马克研究过多个案例，它们近似宗教般对人肉体和精神的操纵方式同安德雷亚松·卢卡案例存在着许多的相似之处。这一组案例的另一个共同点是预见世界末日的来临，重提先知的预言，并且宣布不久的将来人类的大部分将消失，而只有其中的一小部分会得到拯救。

雷蒙的著作

　　1979年，雷蒙·福武雷发表的第一本书《安德雷亚松事件》公开了有关此类看起来计划性很强的入会仪式的初级阶段。调查人员甚至在施用催眠术的情形下多次遇到卡壳，无法继续进行他们的调查，后来障碍被排除，调查得以继续。贝蒂·安德雷亚松·卢卡讲述了一个很长的劫持过

程，包括：劫持、异象、传言、妇科手术，以及在 1944 年她刚刚 7 岁时便开始接受植入物手术。

贝蒂的回忆

据贝蒂回忆，那件事发生在 1967 年 1 月的一个晚上。那时她 30 岁，已婚，已经是 7 个孩子的母亲了。她同父母共同生活在马萨诸塞州的一个位于成片树林和田园之间的房子里。当时她正在厨房，突然所有的灯全部熄灭。她从窗口发现一道跳跃的红光。那时她的丈夫正在医院。她的父亲在一份签字的证言中做证说他看见一些具有人体特征的、似乎正在玩跳背游戏的生灵在向他的房子靠近！

"当他们发现我时，便停止了前进。在最前面的那个外星人看了看我，我身上立即产生一种特别奇怪的感觉。我知道的只是这些。"贝蒂说。

其他目击者看见那些生灵径直穿过木门——好像门并不存在一样，进到她家的屋里！那些造访者体态和相貌都很相似，唯有他们的"首长"比其他人高一点。他们皮肤灰暗，大脑袋，大眼睛，耳朵和鼻子的位置都是一些空空的黑洞，嘴巴模糊，像一道疤痕。他们穿着发亮的灰黑色制服，左袖口上带着一个展翅飞翔的鸟形状的标记。这就是贝蒂和她的孩子们回忆起来的全部内容。事发之后，贝蒂叮嘱孩子们不得对外谈起这件事。

贝蒂是位非常虔诚的天主教徒，当时她对不明飞行物和外星人的事一无所知，她以为她看见了天使。直到 8 年之后，当她在一份报纸上读到天文学家伊内克宣布成立了不明飞行物研究中心——CUFOS 不明飞行物研究中心，并号召目击者们提供证词时，她才公开她所经历的事件。

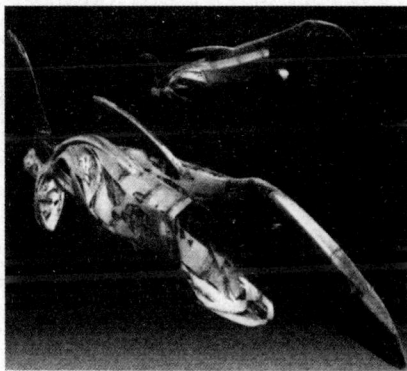

外星人与小型飞船

在专家对贝蒂使用了 14 次催眠术后，贝蒂回忆起第一次事件——即外星人将她劫持到一个不明飞行物上的事。小型飞行器带着她返回到一个大型飞行器里。贝蒂便在那里接受了一次体检，她同时也仔细地观察了那里的古怪设施。据专家收集到的证词称：外星人们为她导演了一出寓意深刻的戏，包括穿过一座古怪的城市，并且看见一只大鸟首先被大火烧焦，接着又像传说中的凤凰一般从灰烬中复生。此时响起一曲柔和而悠扬的"天堂"的圣诗齐诵曲，并且有人对她宣布她已经被选为给人类传递信息的使者！

研究过程中遇到的挑战

对不明飞行物的深入研究揭示出一些涉及科学、社会学、心理学，以及神学领域等方面的内容。安德雷亚松案例包括所有这些方面，其中既无荒谬之处，也未找到任何欺骗或虚构的证据。越来越多的此类非常奇特的案例被公之于众，如同安德雷亚松案例一样，这些事件与人们通常的认识观念背道而驰，并且构成了对现有信仰体系的一种挑战。

悬疑奇案
军士查尔斯的描述

1975 年 8 月 13 日，美国空军军士查尔斯·穆迪遭到外星人劫持。从他遭遇飞碟的那一刻到他回家的时候，除去路途时间，他有 80 分钟的记忆空白，而且后来他还患了奇怪的病。穆迪军士向上级汇报了此事，并接受了调查。

外星人的警告

查尔斯将他能够回忆起来的情形用书信的方式向神经外科医生亚伯拉罕·戈德曼进行了较为详细的陈述，他在信中说：

我记起了那天夜里发生的一些事情，当时确确实实是和飞碟有过接触的。他们不仅是一个正在对地球进行研究的先进种族，而且他们当中的一些"人"从现在起，在三年之内，将会了解我们整个地球的人类。我可以说，那次接触可不是一件愉快的事情，这将是对地球上人类的一次警告。他们的计划不仅仅是有限的接触和对未来的研究。他们在经过更进一步的考虑以后，将会采取下一步行动。他们已经做好了反击的准备，虽然他们的本意是爱好和平的。如果这个世界上的领导人重视他们的告诫，我们的处境也会比以前好一些……

对外星人的描述

查尔斯描述了外星人的外貌和他的经历：那些家伙大约有 1.5 米高，样子很像地球人，但他们的头要比我们的大些，没有头发，耳朵很小，眼睛比我们的大一点，小鼻子，嘴唇很薄，他们的体重可能在50—60 千克。

外星人熟知人类的语言，但说话时嘴唇不动，穿的衣服是紧身的，衣服上既没有纽扣也没有拉链。衣服的颜色是黑的，但是其中一个穿着一身看起来像是银白色的衣服。他们相互不称呼名字，但他们知道查尔斯的名字。他们好像能洞察人的内心，因为那个年长的外星人首领有时说出来的话就是查尔斯要问的问题。

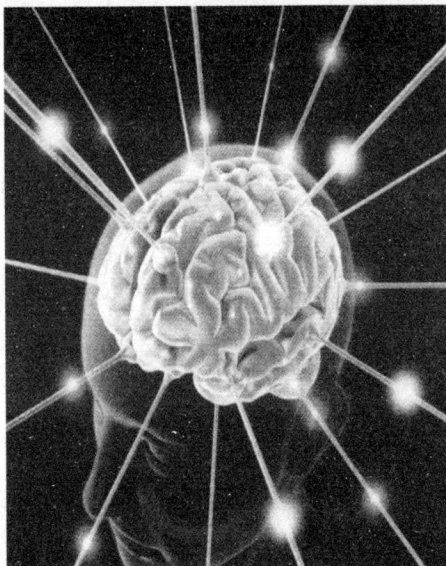

后来，他被带到一间屋子里去，那个首领用一根看起来像棍棒一样的东西触碰他的后背和腿，后来查尔斯的意识便模糊了。

UFO 内部

飞行物的内部就像手术室那样干净，它的结构和材料很特殊。光源不知来自何处，光线是间接照射的，但是很亮。查尔斯随外星人走到一间没有安置仪器的小房间里，房内光线昏暗，外星人站在房中的一侧。突然，地板活动了起来，就像一架电梯一样下降。他们下降了大约两米，又来到了另一个房间。这个房间有 8 米长，屋子的中间有一根巨大的炭棒一直通到屋顶。在炭棒的周围，有三个看起来像上面盖有玻璃的洞，洞里放置着两头各带着一根炭棒的大结晶体。一根炭棒从一个像球体的仪器的顶部伸出来，另一根从另一头的顶端伸出。外星人告诉查尔斯说，这就是驾驶装置。

查尔斯停留在那里大约有半个小时，专门观看那个驾驶装置。然后，那块地板托着查尔斯和外星人升起来。又从原路回到了上面。外星人首领告诉他说，这不是他们的主要飞行器，这个小飞行器只是为

观测用的，他们的主飞行器在离地球大约六百五十千米远的地方，主飞行器上的驾驶装置和这个上面的不同。

之后发生的事

外星人首领告诉查尔斯说，在第一次接触时，查尔斯有很大的对立情绪，他们利用了一种声波和光波使查尔斯平静了下来。然后，那个首领把两只手放在他头部的两侧，告诉查尔斯说，他们就要离开了。首领让他至少要在两个星期内忘记这次谈话的内容和所看见的一切。查尔斯不知道为什么要两个星期，但是他想，这可能是有理由的。查尔斯问外星人是否还会见面，外星人说不久之后会再见面的……

外星人与UFO悬疑奇案

WAIXINGREN YU UFO XUANYI QI'AN

第三类接触

悬疑奇案

寻找外星文明

1968 年 12 月 21 日上午 7 时 51 分，"阿波罗 8 号"飞船从肯尼迪宇航中心飞向月球，他们用望远镜照相机拍摄了第一张月球背面照片。在局部放大的照片中可以看到：在荒凉贫瘠的月球表面上，有一些景物绝不是大自然的造物。

慢速的探索

二十多年前"先驱者"号和"旅行者"号飞船，开始带着地球人的问候遨游太空，它们以大约 17.2 千米/秒的速度不停地飞行。在地球上看来，这样的速度已是很快的了，超过了第三宇宙速度，但对太空航行来说，这样的速度是非常慢的，简直就是蜗牛爬行，要到达离我们最近的恒星——比邻星，至少也要十多万年。

地球人的飞行器

由此可见，要想尽快与外星人取得联系，人类目前飞船的这种速度是不行的。科学家正在设计一种使用核燃料的火箭。核火箭与普通家庭中的电冰箱差不多大小，它的核心是一个压力罐，里面充满了沙粒大小的燃料丸。这些燃料丸便是浓缩铀，埋置在石墨体中，由碳化锆外壳包裹着。

核火箭的启动并不是通过点火，而是通过由金属铍制成的旋转镜来实现的。铍是一种反射材料，通过铍的反射，逸出的中子回到燃料丸中，不断增长的中子流引起核裂变反应，使燃料丸急剧升温。这时，将液态氢泵入火箭核反应堆，氢立刻被气化，气态氢骤然膨胀，从火箭喷管中喷出，推动火箭向前。

可是，按照目前的设计方案，顶多只能使飞船的飞行速度提高到每秒 70 千米左右，对于漫长的宇宙之路来说，仍然无济于事。

悬疑奇案
民航机遭遇 UFO

在相关报道中，曾有过多次民航客机在飞行过程中遭遇 UFO 的事例。那么，这些事例真实存在吗？让我们到文中一探究竟吧！

1959 年 2 月的一天，美国宾夕法尼亚州和俄亥俄州的 6 架民航飞机的机组人员，在飞行途中目击了三个不明飞行物，其中一个 UFO 两次离开编队，降低高度，向飞机靠拢。美国航空公司 713 班机的机长彼得·基利安看到该不明物体向他飞来时，准备迅速掉头返航。可就在此时，只见那飞行物骤然停止下降，悬浮在离飞机一定距离之处，仿佛它的目的仅仅在于监视或观察飞机似的。过了片刻，该不明飞行物体如闪电般地回到了编队之中，然后又突然向飞机冲来。这一次，机长基利安没有改变航向，镇定沉着地驾驶着飞机，同时注意着"来犯者"的动向。从那个物体的轮廓来看，它比基利安的飞机还要大，闪着白光。基利安立即通过机内话机通报机上乘

客，当时只有一个乘客流露出恐慌的情绪。基利安知道，要是那个奇怪的物体再向飞机靠拢一点的话，全体旅客都会惊恐起来。因此，他决定拐弯避开 UFO。说也奇怪，此刻这个不明物体又迅速升高，回到了自己的队伍里。

基利安向另外两个机长通报情况，后者回话说，他们也看到了这三个不明飞行物。基利安机上一位名叫庞卡斯的乘客，是一位航空专家，当飞机在底特律机场着陆后，他向新闻记者发表谈话说：

"当时天气晴朗，我看见了那个不明飞行物，它们呈圆形，飞行时有严格的队形，我从未见过这种现象。"

另一架飞机的机长和他的机械师亦向报界证实了此事，937 和 321 班机的全体乘客也都证明，基利安的目击经过完全属实。他们认为，那三个飞行物是以前从未见过的。

那个不明飞行物在跟踪了民航客机一个小时后，突然离去。它的到来使飞机的无线电失灵，连机舱内的灯光也变得十分微弱。可就在飞碟离开后，一切又都恢复了正常。许多人在同一时间、同一地区成为 UFO 的目击者，这不能不使人们相信不明飞行物存在的真实性。

悬疑奇案

空中奇遇

　　1982 年 6 月 18 日夜晚，在我国华北北部上空出现不明飞行物。当时正在进行夜航训练的 7 名飞行员和参加飞行的全体干部、战士两百多人，都目睹了这一奇特物体，其中的一名飞行员还在空中与之相遇。

　　据目击者称，北京时间 1982 年 6 月 18 日 22 时 06 分左右，不明飞行物伴随着光束以橘黄色的球状体出现。大约 25 分钟以后巨大的乳白色半圆体消失在河北省张北县以北的上空。

空中遭遇

　　飞行员刘某最早发现并与这个不明飞行物相遇。当不明飞行物飞近他驾驶的歼击机航迹时，无线电联络中断，无线电罗盘失灵，刘某被迫中途返回机场。

事后据刘某描述，当天天气条件很好，他驾驶的飞机飞行正常。22时04分50秒，他的耳朵里忽然出现如同积雨云放雷电似的噪音，而且塔台指挥员的声音变得越来越小，无线电罗盘也失灵了。22时06分50秒，地平线上一个明亮的物体若隐若现，很快就形成了一道橘黄色的光束，并逐渐上升变亮。约30秒后，光束消失，出现一个橘黄色的球状体，并朝着他高速旋转而来。飞行物在旋转飞行时产生一圈一圈的光环，呈现波纹状，可以明显地看出黄、浅绿和乳白三种光色。光环的中心还呈现出火焰，像点燃的火药。约10秒钟后，光环中心的橘黄体发生了像手榴弹爆炸一样的变化，随后出现了一个急剧膨胀的半圆状体。它迅速扩展，瞬间铺天盖地地悬浮在空中。整个物体呈乳白色，中间深，周围浅，边沿清晰明亮，底部模糊。右下方有一条不规则的竖长形物体，约2米长，颜色近似于绿。为了避开这个物体，刘某将飞机上升至3 000米，依然未能奏效，只能被迫返航。飞机在返航飞行5分钟后，物体中那个竖着的长条形突然消失了，紧接着几块不规则的黑影从他的飞机旁掠过。当飞机回到距离机场40千米时，无线电罗盘指示和无线电联络恢复正常。

空中另外四架飞机上的6名飞行员和广大地面人员的目击情形与飞行员刘某目击的时间、形状、光色、运动情况、可见条件和可视直径等基本吻合。

悬疑奇案

神秘"客人"

一起发生在乌拉圭境内的 UFO 着陆事件引起了人们的关注。经过细致调查，人们似乎可以肯定 UFO 就是外星人的宇航器具。

神秘男女

安·费罗切·哈西奥拉生活在乌拉圭南部的一个庄园。1980年 6 月 14 日（星期六）凌晨 1 时左右，63 岁的铁匠费罗切正躺在床上听收音机，他的妻子已在他的身旁睡下。突然，他听到外面一阵奇怪的声音传来，便起身出去查看发生了什么事。他走到房门前，从门上的两扇小窗向外张望。他看到门外有两个人在走动，他想可能是自己的两个女儿回家来看望他们，因为她们很长时间没来看他和妻子了。但她们为什么这个时候回来呢？天已经这么晚了。老铁匠正在疑惑之际，突然发现那是两个陌生人，他有些害怕起来。而那两个样子很怪的年轻人，正好奇地盯着他刚刚打开的门灯。就在这很短的时间里，费罗切看清楚了陌生人的外表，那是一男一女，男的站在前头，女的好像在说话。

这两个陌生人有十六七岁的样子，身材比较高大，头发短而卷曲，颜色很黑，在他们的两眉之间有一道很深的疤痕，而且一直延伸到头发里。脸和手都是惨白惨白的。他们的外貌很漂亮，脸圆圆的，脖子比一般人的瘦长。他们看上去像是兄妹，身上的连裤服紧贴肌肉，从脖颈起一直套到脚部。费罗切说："那件奇怪的连裤服非常贴身，我甚至觉得他们是赤身裸体的。"那女人身材苗条，很容易分辨出她的性别，据这位铁匠说，那个男青年的双臂、胸部和双腿的肌肉隆起，显得很壮实。

那个男人毫不犹豫地向费罗切走来，而且走得很快。当时，大门关着，而且费罗切已经在用力把门顶住，可是，这一切无济于事，门还是被推开了。费罗切立刻用左手攥住那人手背，但手却蓦然感到剧烈的疼痛，好像被火烧到一样。费罗切奋力顶住大门，不让他进来，可奇怪的是，当他感到手被烧得很疼时，那人推门的劲小了。于是，他用力往外推门，把门关上。让人疑惑不解的是，他们把费罗切的手烧伤后就离开了。当调查人员询问费罗切那只手的质感时，他说当时热量来得极快，还没来得及握紧那人的手，就痛得将手缩回去了。

当时，费罗切的妻子安娜·凰罗迪·费罗切夫人正躺在床上，也隐约听到了外面的声音，但她以为是猪或狗想偷吃他们晒在外头的肉片。正在此时，她突然听到丈夫在喊："不！不！你不能进来。"当听到门乓地一声关上时，她从床上爬起来，并朝饭厅走去。她看到丈夫痛苦地把手挟在腋下，她当时被吓呆了。她的丈夫对她说有两个年轻人想进来偷东西！当费罗切的妻子察看他的手时，发现上面都是很红的小点，可开门朝外头看时，却什么也没看见。

天亮后，他们向警方报了案。警方将安·费罗切送到当地医院进

行治疗。他的主治医生对记者说："我看到他的左手上有许多烧伤，这些伤在手的表面，呈点状，散布在手心上，是由于手接触到高温东西而引起的，但伤势并不严重。"

后来，调查人员在费罗切的带领下，来到他住房外的一个地方。他们在那里发现了3个小坑，这3个小坑组成了一个每边长约三米的三角形，显然3个小坑是某种很重的庞大物体压成的。这3个坑中有一个比其他两个大一些，深约七厘米，直径有60厘米。这些小坑距离费罗切的房屋约八十米远。费罗切先生后来还发现仅那天晚上，电表指示消耗的电竟达600千瓦。可他平常一年也用不了这么多电。费罗切先生还对调查人员说，在离房门不远的一张工作台下面，他闻到了一股从地里面散发出来的很香的香味。乌拉圭的调查人员讲，他们也确实闻到了一股鉴别不出的奇怪气味。而这些奇怪的"来客"究竟是谁，人们无从知晓。

悬疑奇案
UFO 的多种类型

UFO 已经多次到访过地球，在人类有记录的文明史上，目击者所见飞碟的大小形状各异，这实际上给 UFO 的研究增加了难度。

根据目击者提供的线索，人们将飞碟大致划分为以下几类：

第一种是直径在 30 厘米左右的超小型无人探测机。人们在标准大小的 UFO 出现前先发现这种飞碟，它们通常为球形或圆盘形。

第二种是直径在 1—5 米的小型侦察机。曾有人见过此种大小的飞碟着陆，有外星人从飞碟中走出，并在降落地周围进行各项调查。

第三种是直径在 4—10 米的标准型联络船。多为圆盘形，是最常见的 UFO，地球人被绑架到飞碟的事件，也几乎都是此形飞碟所为。

第四种是直径在几百米到几千米以上的大型母船。大多是圆筒形及圆盘形。但没有人目击到它降落在地面。由于有许多目击者称，有小型或标准型的 UFO 从此型飞碟中飞进或飞出，所以这种飞碟被认为可能是飞碟的大型母船。

除了上述形状，还有类似直升机形的飞碟。最近又有云状 UFO 或发光体型 UFO 在世界各地出现，但也有研究人员指出，云状 UFO 可能是圆筒形或圆盘形 UFO 等所排放的云状物，而非 UFO 机体。

悬疑奇案

外星人的多样类型

目前，根据各国的不明飞行物专家所掌握的材料来看，人们见到的外星人大致可分成：矮人型类人生命体、蒙古人型类人生命体、巨爪型类人生命体、飞翼型类人生命体四类。

矮人型类人生命体

矮人型类人生命体的身高从0.9米到1.35米不等。与身材比例极不协调的是他们的脑袋很大，前额又高又凸，好像没有耳朵，也可能是他们的耳朵太小，目击者根本看不清。

他们双目圆睁，双眼对光线似乎毫无感觉。他们有着和地球人一样的鼻子，但也有目击者称，他们见到的矮人的鼻子是在面孔中间的两道缝。他们的嘴是一个非常圆的、有奇怪皱纹的孔，下巴又尖又小。他们的两只手臂纤长，脖颈肥大，双肩又宽又壮。见到这类矮人型类人生命体的目击者称，他们都身穿金属制上衣连裤服或是潜水服。

蒙古人型类人生命体

这类类人生命体的身高大都在1.2—1.8米，各个部位都与地球人相近，肤色黝黑。但形态上更像是亚洲人。

有一位目击者这样描述他所见到的外星来客："他戴着透明的、柔软的头盔，看上去很像亚洲人，面目尤其像蒙古人，下巴宽宽的，高颧骨、浓眉毛，双眼呈栗色，很像蒙古人的眼睛。他的皮肤很黑。"

从专家们收集到的有关类人生命体的报告来看，人们遇到这种类型的生命体最多。

巨爪型类人生命体

专家们说，人们主要在南美洲的委内瑞拉发现过巨爪型类人生命体。

目击者们说，这些类人生命体全身赤裸，身高在0.6—2.1米不等。他们的手臂很长，与他们的身材极不成比例，手是巨型的大爪子。

1958年11月28日凌晨2时，两名加拉加斯市（委内瑞拉）的长途卡车驾驶员看到了一个巨型的、闪闪发光的圆盘在地上着陆，一些巨爪型的类人生命体从里面走了出来。有一个浑身发光、头披长发的侏儒朝他们走来。当侏儒离他们很近时，一个司机朝侏儒扑了过去，要把他逮住。可那侏儒力大无比，一下子就把司机打翻在地，转身向圆盘跑去。与此同时，其他类人生命体从圆盘中跑出来解救自己的伙伴，随后他们消失在圆盘中。驾驶员后来告诉调查这次事件的专家们，这个侏儒有像爪子一样的手指，他的手是有蹼的。

这种巨爪型的类人生命体具有侵略性，他们似乎对地球上的人类有敌意。可是，从1958年至今，人们就再也没有发现过这种巨爪型的类人生命体。

飞翼型类人生命体

1877年5月15日，在英国汉普郡的奥尔德肖特，两名正在站岗的哨兵看到在军营里有一个穿紧身上衣连裤服、头戴发磷光头盔的人腾空飞了起来。哨兵非常害怕，举枪射击，可是没有打中。

1922年2月22日下午3时，在美国的哈贝尔，威廉·C·拉姆正在森林里狩猎。突然，响起了一阵刺耳的鸣叫声，响声过后，他看见一个球形物在离他20米远的地方着陆了。几秒钟后；他看到一个身高约2.4米的人朝那个球形物飞去。

1953年6月18日约14时30分，在美国的休斯敦，霍华德·菲利普斯先生、海德·沃尔克小姐与贾戴·万耶斯小姐，正在东三大街

118 号的花园里散步，突然，他们看见一个戴有头盔的人从他们眼前飞过。

1967 年 1 月 11 日，生活在美国弗吉尼亚州普莱曾特角的麦克·丹尼尔夫人要到街上买东西。忽然，她发现在她右侧有一个像小飞机一样的东西贴着树梢从大街上飞过，她辨认出那是一个背上长有双翼的类人生命体。

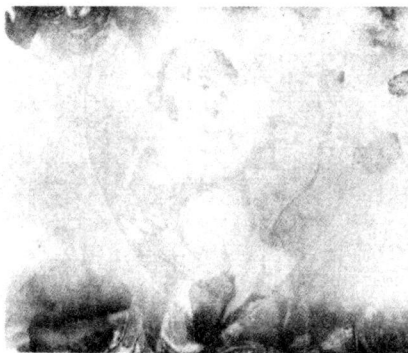

1967 年 9 月 29 日约 10 时 30 分，在法国康塔尔省的居萨克，德尔皮埃夫妇发现地面上停着一个直径为 2 米的圆球，有 4 个矮小的生灵在圆球周围飞行后又飞进了圆球内，随之圆球呼啸升空。后来，又从飞行器中飞出来一个乘员，降到地面去寻找他遗忘在那里的一个发光物。他找到后又飞回圆球内，随即圆球便迅速地飞走了。

1967 年 10 月 1 日约 22 时，在美国俄克拉何马州邓肯市，在 7 号国家公路上行驶的司机们发现有 3 个"怪人"站在公路旁。这些"人"身穿闪着磷光的蓝绿色上衣连裤服，他们的面容很像地球人的脸，但双耳却又大又长。当司机们向他们走过来时，"怪人"们腾空飞起，消逝在夜空中。

此外，人们还曾发现过一些不具有地球人类外形的智能生物。例如，1954 年 9 月 27 日，在法国汝拉的普雷马农场，人们看到一个长方形的生物从一个飞行器中走出来。专家们分析说这种怪物是受某种智能生物遥控的机器人。

他们属于同一类型吗

外星人的形状多种多样，他们是否属于同一类型呢？答案只有两个：第一，这些外星人不属于同一种文明，并且彼此之间互不相识，所执行的任务也不相同；第二，这些外星人属于同一种文明，他们在执行共同的调查地球的任务时还分别担负着自己那一部分特殊使命。

这样，人们就会提出样一个问题：为什么外星人要让地球人发现呢？或者说，通过这些接触，外星人是否企图逐渐与地球人进行联系呢？

有关这个问题，由于专家们缺乏两者之间进行对话的材料，所以很难予以回答。

悬疑奇案

科学家对 UFO 的探寻

UFO 究竟是客观存在的自然之谜，还是由种种自然现象所引起的错觉，或纯粹只是某些人的主观幻觉呢？

若干年来，不少科学家都在这一问题上花费诸多精力，试图揭开谜底。坚信 UFO 是外星人操纵的宇宙飞船的科学家，对此做出了他们的解释。尽管有些看法可能在某一方面或某一环节上存在着一定缺陷，但就总体而言，这为启迪人类的智慧、开阔人类的视野打开了新的局面。

在探索宇宙的过程中，所碰到的一个重大困难就是能源障碍。人类在不同的历史发展阶段，用不同的方法获得能源。从科学发展史来看，对微观世界研究得越深入，人类所获取的能源也越经济、越强大、越充足。所以我们如果要得到比原子能更为强大的能源，唯一的办法就是研究微观世界里更深层的结构。对于更深一层的研究，科学家认为，应从基本粒子着手。

所谓的基本粒子是指自然界中更为深层结构的粒子，夸克就是构成这种基本粒子的更小单位。在未激状态中，夸克场在量子物理中被称为物理真空。所谓真空，并不是空无所有。事实上，真空本身就是一种物理介质，当外部的能量施于真空，或者用重力场使其变形时，真空中就会产生出真实的粒子，而且会使真空具有独特的能量。有的科学家已经预言，随着微观世界里深层结构的奥秘不断被揭示，人类应该对空间和时间的基本概念重新进行审视，一些以前和现在人们无法想象的现象也将成为不可否认的事实。

如果真空中存在着不受限制的内部能源，那么银河核、类星体及宇宙爆炸就有可能是这种真空能的表现形式。自然规律对于整个宇宙来说都是相同的，科技高度发达的外星球居民，正是在深入微观世界的研究中洞察了真空能的奥秘，将它应用在宇宙飞船上。他们的宇宙飞船才能在茫茫无际的太空中遨游，从周围不断地汲取原动力，进行超越地球人想象的超远距离、超高速度的运动。

在人们所观察到的所有 UFO 事件中，飞碟不仅有高速飞行的惊人能力，同时又能克服加速飞行时所产生的超重障碍。科学家推断：

在微观世界的深处，外星人可能已经找到了一个能产生强大重力场的新机制并设立了一个"大场"，他们正是依靠这种对地球人来说还完全是幻想式的重力场机制，来克服超重的困难。现在已经有科学家开始研究这种"大场"。

飞碟是否能以超光速飞行，这是科学家们非常感兴趣的问题，他们正在探索宇宙中到底有没有以超光速运动的物质。

从理论上讲以超光速运动是完全可能的。物理大师爱因斯坦所创立的相对论，在逻辑上也允许存在两个世界：一是我们目前所处的慢速世界，即以不超过光速运动的世界；一是快速世界，即以超光速运动的世界。

高速物质的主要特点在我们慢速世界里是无法发现的。它们以一种任何力量都无法超越的界线，将我们同它们隔离开，并且永远不同我们发生任何关系。高速世界所积聚的能量不是随速度的提高而增加的，而是随速度的提高而减少的。在慢速世界中零点能同静止状态相适应。在高速世界中，零点能同无限高速运动相联系，一旦速度减慢到接近光速时，能量会骤然增加，以至达到无穷。

周围世界远比我们已知的要复杂得多，尽管高速物质还仅仅是个假设，但我们不能排除这种可能性，随着我们知识水平的提高，在科学高度发达的未来，令人惊叹不已的超光速物质会带领我们进入更广阔的天地。

悬疑奇案

探索 UFO 高超的飞行原理

现代飞行器的飞行原理为大多数人所熟知，可是直到现在人们也没有搞清 UFO 的飞行原理与理论依据是什么。如果按照现代物理理论来看，UFO 的飞行原理是无法解释的。

高速、旋转、悬浮……在普通人笔下，飞碟的飞行状态是被这样描述的。然而在专家笔下，飞碟独特的飞行方式可以用诸如随意转向、垂直升降、高速行进、空中骤停、电磁干扰、安静无声等专业性的词汇来描述，那么，飞碟的实际飞行原理又是怎样的呢？

飞碟要想实现独特的飞行，它的飞行动力就必须先进。人类现在的科技实在无力与之相比，因为要研究清楚其动力原理，对于人类来说还是一件很遥远的事情。这些是现代的人们对飞碟飞行原理做出的常见猜测：

第一，以意念移动：由于人的思维有超时空性，所以有些具有特异功能的人能够用意念使物体移动。可能是人脑发出意念场，使物体先解体，然后再通过门窗墙壁等障碍物的原子间的空隙，将解体物体又合成为原来的结构，这样就形

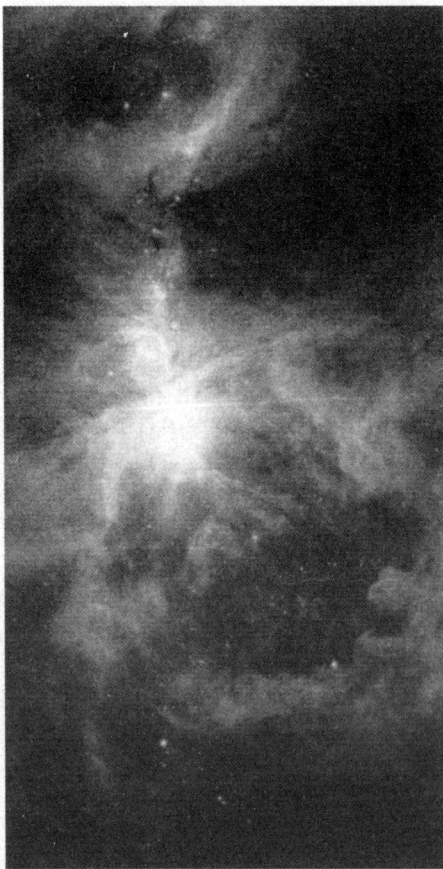

成了能突破空间阻隔的传输。

第二，以分解传输：将物体分解成基本粒子以光速传输，以信息码载入分子机重组原来物体。

第三，电磁力推进：利用超传导的电磁场产生强力磁场与高压，并使周围空气产生等离子化现象，借其反作用力来推进。

第四，以重力推进：如果飞碟科技水平已发展到利用重力场，能自由选择要哪个星球的重力场对它发生作用，其他重力场就都消失，只剩那个星球的重力场存在，就很易被那个星球吸引而飞过去。

第五，统一场推进：爱因斯坦的"统一场论"为一些UFO专家提供了理论研究的依据，他们认为在宇宙里电磁场和引力的关系十分密切，两者可以说是相互演变与斥合。然后通过场共振将电磁场、重力吸引、强弱核力之间的作用力组合起来，让它与时空及太空船等结合，使几个方面相互协调，这样太空船就能从某一点贯通达到另一点，到达另一个在我们平常看来也许数万光年也达不到的那个遥远的地方。

光频率飞行原理

关于飞碟的飞行原理比较前卫的看法还有最近被提出的微光子飞行原理。提出这一想法的人设想：一艘美丽而风格简约的碟形太空船开辟了一条通往星际的路，它的身上闪耀着来自宇宙的光芒。星系的存在实体、星际太空的深度都是由可见光和不可见光的光波组成的。宇宙的基本组成部分是光的电磁波形式。我们的生存就像光的微原子之于较大的个体一样，意志、精神灵魂的造诣和思想是由不同速度的光波构成的。电是光的微原子，包括声音和色彩产生于不同速度的微电子。

光也是一种拥有智慧的能量，它可以用思想的方式进入存在的实体中，光微原子的模式随思想改变而改变（意思是可以以思想波来控制一些事物，例如飞碟的推进系统，手提的微型电脑，甚至是心灵感应）。当一个人得到光和谐振动的公式时，生命及宇宙之钥就存在于光的和谐交换作用中，所有转换数学公式都建立在光的振动频率和反重力波，以及时间调和上，那就是涡状光。每个瞬间波动的频率，若能控制这个频率就能控制并改变时间。在太空船的保护下，就能从一个星球瞬间转移到另一个星球，或从一个太阳系瞬间转移到另一个太阳系。在这里，时间就像几何学一样，被控制住了，或者根本消失了。

飞碟反重力飞行的原理

美国加州大学教授、诺贝尔奖获得者哈金森，在他的实验室进行了光和太空物理定律的重要性测定，并取得了重大的成果。哈金森在从事电磁场和电磁石以及物质分子结构的改变的研究过程中，不断取得重大的成果，并提出了一个惊人的假说，即重物在空中飞行可以不需要推进系统。哈金森通过实验又得出一个惊人的成果：将物质反置于某种电磁场，物质组成会改变，不用热力作用，硬的金属也会变成像柔软橡皮似的物质。

下面我们来做一个实验：首先将一个重物置于两个泰斯拉线圈中间，然后将两个线圈分别通电，这时重物受到两个泰斯拉线圈磁场的作用，相互抗衡的电磁场的电磁力互相抵制，当作用在重物上的重力位能差变为零时，即梯度向量因力场抵消而变为零时，虽然两股力量仍然存在，但重物却可

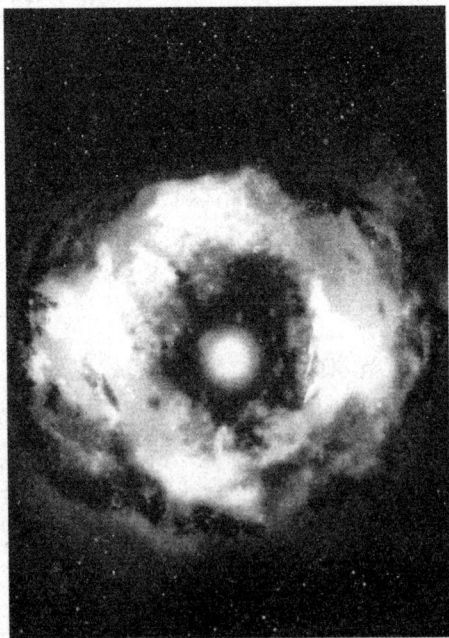

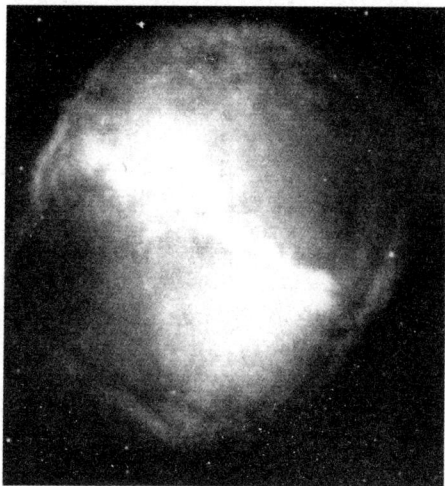

以随着线圈的移动而飘浮在空中。这也是魔术大师们常用的障眼法术。推而广之，如果有人可以正确地用力量去控制宇宙或地球的磁场，飞机就可以在没有任何推进器的情况下飞行了。

另外一个原理也可以达到同样的效果，即利用磁静位能改变真空。换句话说，那是极点，它能使物质单磁极化，例如金属。而金属单磁极化后会使所有粒子单极积存，最后会使金属爆炸分离为一个个粒子，像从未结合过似的。

哈金森还通过另外一个实验来为 UFO 的飞行原理提供了佐证，即核子的析出实验。虽然核子最终未能穿过电子层，但这也提供了一种假设。原子核是在电子层中间的，所以如果改变了原子核，就会造成原子结构的变化，制造出一种在正常程序下无法产生的合金。而哈金森在实验室制造了几类由此类冲击所造成的合金，这些合金一旦附上数量化的辐射，原子核就会持续地释放很长一段时间，不断改变其合金的结构，这种能量释放的时间可维持一年以上。曾有一位 UFO 爱好者提出疑问：为什么飞碟是圆形？可以摆脱惯性吗？会发光吗？没有声音吗？可以直角转弯吗？是以旋转的方式来飞行吗？

首先，飞碟不是旋转飞行的，这是飞碟给人的一种错觉。因为飞碟的飞行模式和动力概念不同于我们地球人的飞机，飞机是要依据空气动力学的原理，也就是说要有机翼，利用叶轮来带动，还要分头尾（机头、机尾），受地心吸引力限制，飞行时带有一种向前的惯性。而飞碟在大气层内的飞行模式和动力系统是不受地心吸引力影响并摆脱了惯性定律的。简单地说，在大气层内飞行的同时，UFO 的动力系统可以制造并建立属于自己的重力场，使得其自身的重力位能和向量有着特别的定义，视地球重力场如虚物。也可以说飞碟是进行反重力飞行的。

可以想象一下，如果飞碟是敞篷的话，即使在高速飞行的同时也不会吹乱你一根头发。其实原理很简单，因为飞碟本身已经是一个引力或重力的整体，仿佛宇宙中的一个星体。以地球为例，假如你是一个数千米高的巨人，站在地球的地平线上，但是你还是不会感到或觉得地球在宇宙中旋转运行着，你会问："究竟是地球在宇宙中运行还是地球根本没有移动过，只是宇宙的转动给人的错觉呢?"地球重力场原理就是这样。对于飞碟的飞行原理我们也可以这样大胆推测，从众多我们现在所掌握的UFO目击资料中综合推论出飞碟飞行时的特征如下:

第一，飞碟不使用人类飞机的燃料式推进系统，而是利用类似引力推进的技术，可把飞行器固定在天空中的任意位置而不会掉下来，换句话说，可以视重力（地心吸引力）如无物。

第二，从飞碟的突然出现或消失来推断，飞碟的驾驶系统所具备的高科技水平可以穿越时空（多重宇宙或次元理论）。

通过以上两点，我们可以这样推断和假设，飞碟在大气层内飞行时可以不受重力（地心吸引力）影响，简单地说，便是可以在固定的空间使飞行器处于某一个坐标，固定地停留在那一点，不用跟随星球一起转动，而当星球转动时，飞行器便可以不用一点推动力而前进，原理就是飞行器不需要动力系统，而是利用星球的力场在运动罢了。所以飞碟中的驾驶者不用忍受像驾驶超音速战斗机般的重力压迫，因此雷达中

所监测到的飞碟会以 1.8 万千米的时速掠过。或者飞碟在向着一个方向飞行时，不论速度有多快，都可以摆脱惯性，不用作任何减速，即可以突然向相反方向或以直角飞行。所以飞碟没有机头和机尾的分别，因此在设计上可以是圆碟形，而圆碟形的设计也可以大大增加视野的开阔性。观察地球上的人类和环境变化也是飞碟在地球上出现的原因，但不是唯一的原因，还有其他很多的原因令 UFO 在我们的地球世界中出现。

碟形的外星飞行器属于小型飞行器，但现在还不敢肯定除了碟形的设计外，外星人是否还有其他形状的外星飞行器。如果说碟状造型的飞行器是用来观察的话，那么一定还会有不同功能、不同造型的飞行器存在。如果在地球出现的碟形 UFO 只是为了观察，并无侵略意图，那么在外星人的文明世界中，也可能会有军事用途的机种，比如子弹头形、雪茄形等造型的飞碟，就算不是攻击型的飞碟也会是防守型飞碟，因为任何文明世界都有保卫自己领土的必要。现在我们地球人在地球上所见过的外星人飞行器中，至少就有两大类，一类是常在大气层内出现的圆碟形且呈扁平状的一种；第二类就是雪茄形较大的母船。关于母船的目击事件是很少有的，因为它们很少进入大气层。

母船的外形就像一支雪茄，而我们地球人目击过的最大的母船大约只有六百米长。

"黑洞"飞行原理

关于"黑洞"的理论流传了很久。它存在于宇宙中的某些星系里。"黑洞"是由大质量恒星毁灭后坍塌凹陷而成的。当那些体积比

太阳大 50 倍的恒星猛缩时，体积会缩到比中子星还小。当收缩后的体积只有中子星的 2/3 时，它的引力似乎就会变得无穷大，没有什么东西能够抗拒，甚至光线也无法逃出。

"黑洞"具有如此强大的引力，自然会把附近的物质都吸过来。有一种"黑洞"理论甚至认为，它们终究会吸尽宇宙中所有的物体。

"黑洞"存在于宇宙星系中，任何接近它的物体都不会逃出它的"手掌心"。"黑洞"本身发出的光在还没有到达远方时，就被引力吸引回来。所以，这种恒星不会进入我们的"视界"中，而只是以"黑洞"的形式存在于宇宙空间中。"黑洞"的引力虽然强大，但是也有一个限度，到达这个限度时，光既不能离开，也不能退回。

那么落入"视界"并且消失在"黑洞"里的物体的命运又是怎样的呢？物理学家已经被这个问题困扰了许多年，比如说，掉进去的是一个驾驶飞碟的外星人或我们的宇航员。多数物理学家认为这个驾驶飞碟的外星人和我们的宇航员会被"黑洞"中强大的引力所摧毁，或者在他们接近"黑洞"核心时在伽玛射线的照射中瞬间爆炸。从理论上说，对于一个能躲过这种厄运的外星人或宇航员来说将会经历一些非常奇妙的变化，比如相对论意义上的强烈的时间扭曲，会使他在短短几秒钟内看到整个宇宙的未来，包括一切细节。如果宇航员有幸穿过奇点，会进入一条时空隧道，从另一端的"白洞"出口被抛出来，进入另一个时光倒流的宇宙。然后依照这种理论，可能会出现一个很有趣的现象，即"视界"上的光影差不多永远不会消失。举例来说，如果一个地球人有幸飞向一个"黑洞"，可能在几百万年之后，仍可看到他穿过"视界"的影像。

但是一个地球人接近"黑洞"的希望微乎其微。在接近"视界"时，他的太空船和身体较接近"黑洞"的部分，就会受到渐渐增强的引力的作用，而被拉成若干千米的长条，同时压力又会把太空船和人体的体积压缩。

如果地球上的太空人在飞向"视界"的同时，观察一座时钟上的指针，他会发现钟面上的指针似乎越转越快，最后完全看不清指针了。穿过"视界"之后，情形刚好相反，钟面上的指针转动渐趋缓慢，他会觉得自己似乎身处于时间倒流中，但是看看他手腕上的表，时间并没有改变。

一经超越"视界"，太空船将永远无法摆脱那股强大的引力。事实上，他越努力避免这种厄运，厄运就来得越快。斥力越大，引力也就越大。

地球上的太空人接近"黑洞"时，他和太空船早在降落之前，就已经被强大的引力扯成碎片。"黑洞"若是不大，例如只有太阳2倍大小的"黑洞"，太空船连同里面的人只要两千万分之一秒就会降到"黑洞"的中心。所以，"黑洞"要非常庞大，才有机会使人感觉到降落的时间。甚至在一个比太阳大100万倍的"黑洞"中，降落时间最多也不过100秒。"黑洞"的一切与宇宙的其他物体并不相似，而是完全相反，宇宙不断向外扩展，"黑洞"却不断向内收缩。20世纪人类物理学界的天才大师史蒂芬·霍金提出的理论，为超现实主义者们提供了想象的空间，也许宇宙"黑洞"不但可以产生另一个宇宙，而且它强大的引力与反物质定律会成为外星人及其飞碟的一种新的飞行原理，即飞碟可以借助"黑洞"的引力和它狭小空间的巨大包容力快速穿过我们宇宙中广阔而遥远的距离，迅速从宇宙一极到达另一极。

电离化真空飞行技术

如果外星人及其飞碟真的存在，有些飞碟在大气层内飞行时，有时还会利用电离化的技术。

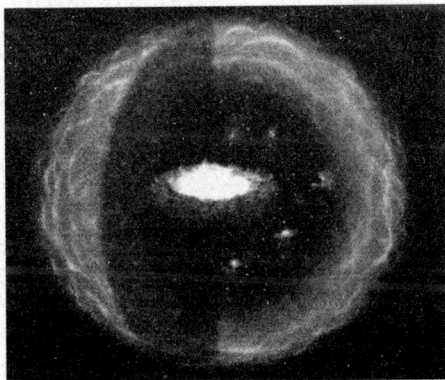

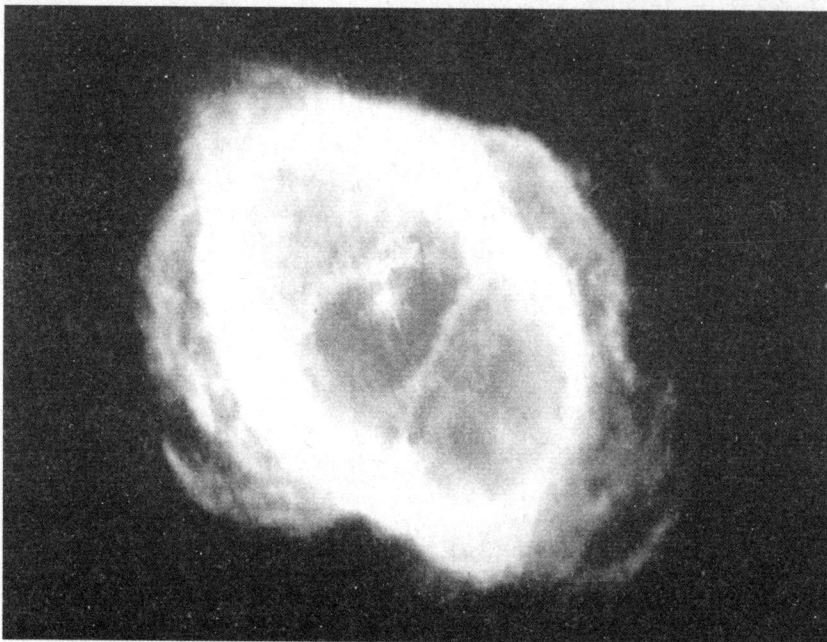

　　在目前我们获得的一些关于飞碟的照片中，飞碟有一个发光的光环，其实这是它通过把包围飞碟的空气电离化来实现的。简单地说，就是飞碟将自己置于一个类似真空的环境中飞行，因为真空会给处于其中的物质提供一种特别的重力环境。假如我们生活的地球处于真空中，所有的物体都处于失重的状态，在同一高度放下一根羽毛和一块铁，它们下落的时间是一样的。所以 UFO 在飞行时将包围飞行器的空气电离化，使得飞行器像在真空中飞行似的，这样不仅可以提高飞行的速度，而且飞行时还可以没有声音（因为飞行器没有和空气的粒子产生摩擦，机身也绝对不会碰到一粒在空气中的粒子）。即使在近距离内目击飞碟，目击者也不会听到飞碟飞行的声音。

　　许多 UFO 专家都一致认为，UFO 的推进系统是依据电磁学原理进行操作的，在这种操作状态下，重力的作用无足轻重。飞碟的驾驶系统位于飞碟底部，外观呈现三个半圆球体，也可以个别分开来探测，而贯穿飞碟上下并且位于中心的中轴棒（磁柱）也有许多功能，它有许多潜望镜片可作高度倍数的观察，也有助于吸收静电来补充消耗。根据电磁学原理，通了电的线圈中如果加插了柱心，并布置在中间的位置上，就可以产生飞碟飞行所需要的能量，而飞碟中间的磁柱

也有着异曲同工的原理，就像是泰斯拉线圈中间的柱心一样。

"蠕虫洞"飞行原理

所谓"蠕虫洞"飞行，即不需要横越两点中间的空间而到达目的地的飞行。

在圆形飞行器的飞行过程中，目击者都会有一种强烈的困惑，那些碟形飞行器的飞行技术高超无比，似乎可以摆脱惯性的定律，也不需要繁杂的动力推进系统。星际间那么遥远的距离又是如何实现太空旅行的？非物质化可行吗？宇宙中是否存在独特的空间结构，穿透它可以到达别的次元空间吗？这些困惑可以在一种理论中得到谜底，那就是"蠕虫洞"。

宇宙不是单一的空间，在宇宙中旅行，是穿越不同时空的跳跃之旅。跃入第三、第四空间，是飞碟进入时空之旅的一个片段。而"蠕虫洞"是实现这些跨越的通道或起跳点。利用"蠕虫洞"，飞行器可以在瞬间从几个银河系之外跃回地球的时空，也可以在各个银河系之间跳跃。也就是说，实现太空旅行靠的不是速度，而是内部分子的转换或交换。

可以想象一下，理解观念是一种承认理解本身有一种模型，它可以是精神上的理解，也可以是物质上的理解。以我们每个人为例，我们每个人都是一个小宇宙，可以是多次元的、开放的，可以认识并主宰时空的法则。但每个人又不是独立的，人都是社会中的人，只有不断地接触与连续发展才能生存下去，"蠕虫洞"原理就是这样。

现实的振动频率可以穿透彼此，宇宙就像是格子一样，如果你愿意的话，可以沿中轴点把格子折叠起来，这样就可以让我们能够穿过帷幕，穿过次元的窗户，收集到宇宙提供的适合我们发展变化的信息。

比如，如果要做一项工程，其目的是通过此工程以实现用超过光速的速度飞行。但根据相对论理论，我们似乎不能快过光速，不过可以避重就轻。依据量子力学，将一小束引力子集中起来，当空间曲率到达无限大时，空间会被扭曲、折叠，从而出现一条通道，情形就像"黑洞"一样。

　　这里我们用一个很简单的比喻来说明"蠕虫洞"的概念。你手拿一张白纸和一支笔，白纸代表空间，而笔代表交通工具（太空船），用尖的物体在纸上任意做两个洞（A点和B点），这两点是在空间和时间上都不同的地方，假如你要由A点去B点，你可能会说最快的途径是在纸上画能够把两点连接起来的一条直线。没错，根据相对论或物理性的理解这是最快的途径，但是如果两点相距是以光年计算，那么我们穷尽一生也不能在合理的时间内到达，更不要提什么外太空旅行了。

　　但从现代的、新生物理学里的、量子力学中的空间曲率和不同次元的理论可知，我们不需要用直线途径来航行。拿起刚才有两点的纸张，把它折叠，直至两点对应，用笔一连穿过两点。那样，我们便只需要花上一点时间而到达目的地，然后把纸张翻开至原状（空间还原）。

　　同样道理，当太空船要穿越两个在空间和时间上都不同的地方时，这两个地方就会同时出现在一点。当通道贯通时，雪茄造型的母船便会很容易地穿越通道到达目的地，而不需要横越其他空间。而这一过程进行时是会发出光的，因为光也被吸了进去。"黑洞"也是一

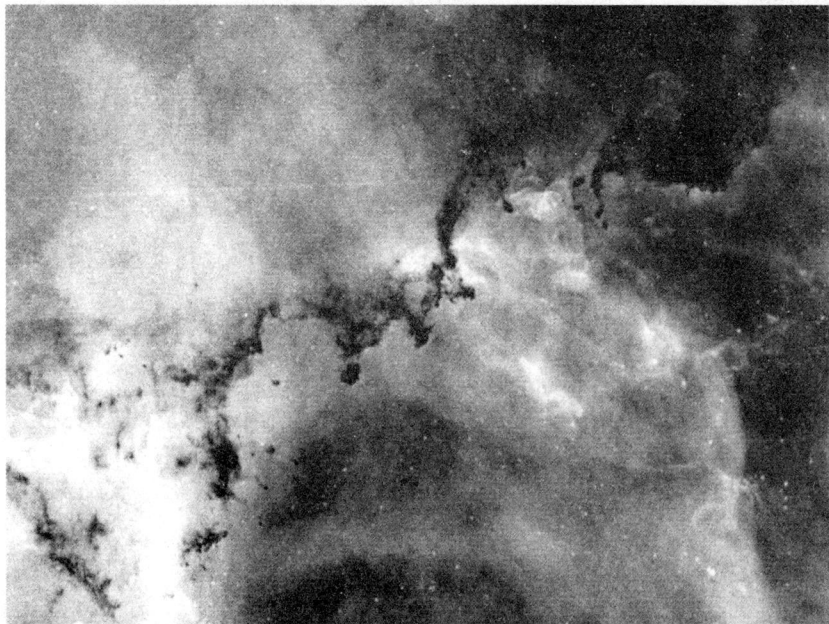

样，否则我们便不能看见"黑洞"。

"蠕虫洞"的原理与"黑洞"有相类似的地方，在宇宙空间中可以打开通往另外一个时空的通道。但"黑洞"让人有扑朔迷离之感。跌入"黑洞"的东西去了何处？是永远逃逸于太空，还是在太空的某一维时空中再现？或许在太空另一维存在"白洞"，释放出了"黑洞"所吞噬的物质。

这个效应在物理学中被称为"卡西米尔效应"，而这个效应也可用于"自由能"。

第一，在地球上制造两组金属板，每组由两块金属板组成，而两组金属板是完全同步和平行的。

第二，两组金属板平行放置，然后给两组金属板充电，电压尽可能调高。充电后，小洞开始出现。

第三，用一架可以接近光速的飞行器把副本（即其中一组金属板）送上太空，正本留在地球上。

第四，当飞行器以接近光速飞行时，会出现时间膨胀，时间开始减慢（根据爱因斯坦的理论），时间减慢，两组金属板在时间和空间上不再同步。

第五，只需踏入在地球的一组金属板中间，就立即被吸进去，到达另一极金属板的所在位置而不需横越其中的空间。

自由能——零点能源

太阳、地球和月球构成了一个母亲生态系统，它们不仅以一般电磁能相互作用着，而且还包括一种被地球人遗失了的潜能。如果污染了系统中的一部分，例如污染了地球，不单只是地球受污染，连太阳和月球也会受污染，而污染会慢慢随着这个系统辐射，再回到地球来。地球是宇宙之宝，是真正的奇迹，但人类早已遗忘了宇宙法则，人们需要电力和各种能源去满足自己的文明与科技，就开始破坏并污染地球。

当危险来临时，总会有智者觉察到，尼古拉泰斯拉这位充满智慧和远见的科学家，向人们展示了交流电世界的种种波动，交流电是无污染的能源。可以说是尼古拉泰斯拉将人们带入20世纪的电力世界，如果尼古拉泰斯拉发现的神奇波动再早一些，世界将比现在进步80年。尼古拉泰斯拉除了发现交流电这种能源，还同时发现了很多神奇波动的能源。尼古拉泰斯拉认为，电力供应只需架起一条类似天线的接收器便可完成。传统的供电模式完全被取代，传统的计算用电量的电表将成为历史陈设，电力公司将进入革命时代。然而，如此有创意的思想只能被扼杀在摇篮里。

能源是文明世界不可缺少的动力，也是当权者控制在手中的砝码。而外星人是使用我们所谓的"自由能"飞来飞去的，"自由能"是取自宇宙的无穷无尽的能源。既然外星人可以用"自由能"来飞行，那么我们地球人是否也可利用这种能量来驾驭车、船、飞机等物体呢？

步入21世纪，我们对宇宙的能量应该有一个全新概念，思维转换后，我们将发现宇宙中充满了数不清的能量。比如，"自由能"是取之于宇宙的永恒能源，根据现代物理学一立方厘米的真空所计算出的能量可以产生出比全宇宙还要多的能量，这些能源确确实实存在于宇宙中，等待着人们去开发。

悬疑奇案
UFO 的性能

UFO 卓越的飞行性能令所有曾经目击过 UFO 的人目瞪口呆。无论是稳如泰山的凌空悬停，还是神秘莫测的起伏飞行，都牵引着科学家及天文爱好者们探索的思维。

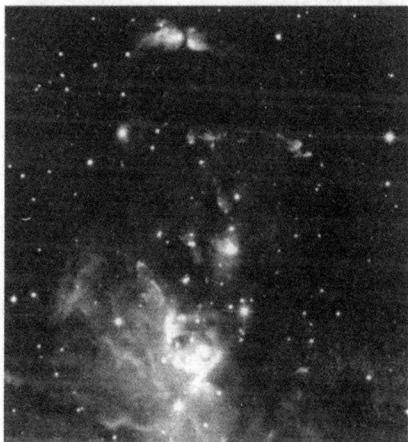

UFO 的飞行性能可谓超凡，在这方面连飞碟专家也会啧啧称奇，他们在这方面进行了多年的研究，尤其是对那些准确的观察资料更是重视。在这些科学家中，有一位叫仲道的飞碟专家的发现比较引人注目。在一个天气晴好的中午，仲道观察到一个银灰色的飞碟在约 3 000 米的高空中沿一条正弦曲线状的轨迹飞行，虽然飞碟以极高的速度飞行，但在地面上的人却听不到一点声音，它在空中翻旋了几次，就一动不动地悬停在半空中约 10 分钟，之后它慢慢旋转向下飞行，俯冲至离地面 30 米左右的地方，最后降到离地面 1 米高的地方，下降时的样子仿佛一片飘然落下的叶子，突然它又猛然升至树顶凌空飞起，这次经历给仲道留下了深刻的印象。

凌空悬停　稳如泰山

人们印象中的 UFO 停留状态是在空中或半空中悬停，但在飞碟的上下都看不到确保凌空悬停的装置，很显然，UFO 的悬停不是依靠像直升机那样的螺旋桨。而且 UFO 在飞行时没有气流也没有烟，所以喷气推动的可能性也可以排除掉。从这些可以推断，UFO 内部可能确实有某种可以抵消引力的装置。

升降变换　神奇莫测

如果从 UFO 驾驶的角度来推断 UFO 的升降问题，也许答案会清晰一些。作用在 UFO 上的力有两种，分别是向上的浮力和向下的重力。当 UFO 要下降时，在两种力相互平衡下，UFO 就悬在空中了。如果不改变飞行器本身的升浮力，UFO 会倾向不同的方向。为了保持 UFO 的平衡，就必须改变它的浮力，才能保证 UFO 能有一种力使它平稳地向下作倾斜运动。这样，飞碟的飞行方向就由驾驶员自由操控了。

人们依然从 UFO 驾驶的角度出发来推断：UFO 究竟是如何以如此好的性能飞到很高的高度的呢？很明显，UFO 在向上飞行的过程中不存在飞行的失误，因为似乎 UFO 知道哪里有树木，哪里有电线和楼房等。UFO 的驾驶员由于抵消了引力而使飞行器的重量减轻，这样就能确保飞行器具有升力，从而能平稳上升达到理想的高度，并飞达指定的地点。所有目击过 UFO 飞离着陆点的人都发现，UFO 的飞行过程明显地分为两个阶段：先慢慢地升到 15—30 米，然后以极快的速度飞离人们的视线。子弹释放出的能量，同时还有高达 85 000℃ 的热效应释放出来，同时还有放射性增强的现象发生。于是研究人员就认为 UFO 不是地上生物的航天器。如果 UFO 是地球生物驾驶的，但 UFO 却找不到物理学定律的支持。但如果 UFO 中的驾驶员来自外太空，那么相对论的正确性就又一次得到验证，当然它的正确性早已很好地体现在回旋加速器、线性加速器、核反应堆以及原子电站的工作中了。如果 UFO 能使引力对它的质量影响缩小到没有，那么也因此可以推断 UFO 的惯性也会同时消失，包围在 UFO 旁边的引力防护屏可以像它四周的惯性防护屏一样起作用。

从这里可以推断，就算很小的力也能让飞行器达到很高的速度。UFO 的目击者所看到的景象可以证明这一推断：UFO 能在几秒钟之内消失得无影无踪。除此以外，UFO 还能以很大的加速度飞行，这种速

度肉眼是无法跟踪的。因此，就给人一种转瞬即逝的错觉。

但无论如何，人们还不能对 UFO 转瞬即逝的现象从神秘学的角度来解释。当然，对于里面的 UFO 乘员，我们也不要有不必要的担心，因为在他们外面有惯性防护屏保护着他们。

起伏飞行　应变无阻

UFO 甚至能够以一种奇特的方式沿着一条不合常理的正弦曲线轨迹进行水平飞行。UFO 在引力很大的地区上空时，重力也会随之增加，于是 UFO 会进行下滑飞行，从而降低飞行的高度。与之相对应，UFO 飞过引力很小的地区上空时飞行高度会因重力的减小而增加。这种引力强度的变化趋向可以通过以下事例来证明：沿着大陆表面运动会发现，海洋上空的引力强度小于大陆上空的。另外，这一引力强度的变化也会因地球自转作用而发生变化。

但是对于一些特殊情形下的飞行就要具体问题具体分析了，在峰峦起伏地区上空，UFO 依然保持固定高度飞行就说明它是在侦察地形。UFO 的驾驶有可能是用近似雷达的地面信号反射系统自动进行的，其实对于繁忙工作的 UFO 乘员来讲，用信号反射系统实现 UFO 的自动驾驶是非常方便快捷的。

驰骋天宇　飘飘欲仙

1955 年的夏天，一架美国歼击机的飞行员在墨西哥州乌基克市附近九百多米的空中飞行时，看见一个神奇的飞碟在他的头顶上空高速飞行着。飞碟呈球形，至少有千条蓝绿光从飞碟的窗户里射出来，光

束的颜色随着飞碟与飞机距离的改变而变化。飞行员跟踪飞碟从乌基克飞行至波士顿，从距离和时间推断其飞行的速度是7 250—7 700千米/小时，但令人惊奇的是，虽然它是以这样大的速度运行在大气层中，但却没有产生丝毫的冲击波。

虽然UFO很少成群结队地出现，但在1995年8月，华盛顿上空却出现了UFO成队出现的奇观。飞碟当时的飞行速度是1 200千米/时，当时，美国空军雷达跟踪到了这些飞碟，以这个速度飞行的飞碟之中有几个用肉眼就能看到。几个月后，美国一架飞机在墨西哥湾上空飞行时，通过雷达系统又发现了几个飞行速度为8 450—14 500千米/时的飞碟。让人觉得不可思议的是它们的飞行速度。因为在人类能力的范围内，就算是用于宇宙考察的大型运载火箭，也只有在近地宇宙空间飞行时，速度才能达到29 000千米/时。

还有一次是美国载人登月飞船在飞抵月球时，发现从地球飞往月球的途中，一直有一个神奇的不明飞行物跟踪在它后面，保持着不远不近的距离，其成熟的飞行技术可见一斑。飞碟飞行时要避免产生冲击波才能提高飞行速度，那么根据现在的情况来看，飞碟在飞行时确实能抵消冲击波，虽然其中具体的缘由还不太清楚，但人们也能从中推断出个中原理：飞碟在前进时会向前方空气发出信息，空气分子收到这些信息后就会自动给飞碟让路，待飞碟顺利通过之后，空气气流又恢复原状。UFO就是因此轻松地在空气中畅通无阻地穿行。这样的飞行，飞碟耗能小，而且也不会在飞碟的前方产生冲击波。

自旋变换　奥秘无穷

在一般人的印象中，飞碟在飞行过程中不断做旋转运动。确实如此，飞碟在飞行中或整体或部分在做自转运动，那么飞碟为什么以这种方式飞行？旋转的部分能发出声音吗？飞碟中有没有

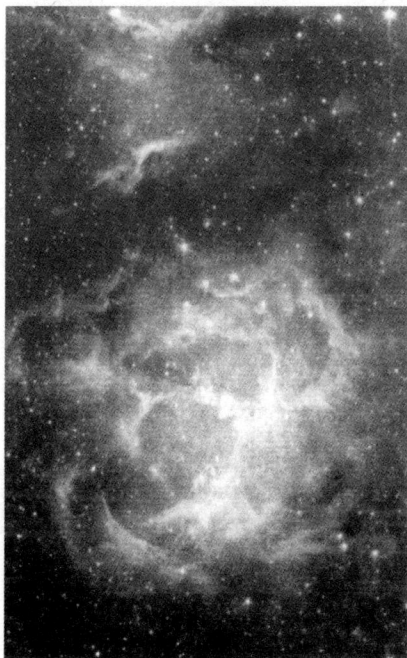

固定的东西使它做旋转运动呢？

有些观察者发现：将要离地的飞碟是上部开始旋转直至升空，同时旋转速度也在加大，最终达到速度的最大值。这种飞碟整体旋转的特点与飞碟的类型没有任何关系。因为旋转的飞碟既有球形的又有卵形的，还有我们常见的圆盘形的。

不过让人好奇的是：坐在飞碟里的乘员在飞碟旋转的情况下处于什么样的状态呢？其实为了不影响 UFO 乘员的正常工作，飞碟的旋转部分只能是人们看到的外层结构，所以人们可以推断：飞碟的内外结构之间一定装有某种装置才能达到外层旋转，而内部却能够不动。在这种情况下，飞碟外壁上的舷窗也会随飞碟旋转，那么飞碟中的乘员在向外看时，就必须让飞碟停下来才能方便观察。

这样的例证也是存在的。一天夜里，一个农场主开着车子在野外行驶，一抬头看到一个"陨星"坠下来，在落下来的过程中突然悬停在了半山腰上，原来是一个旋转的飞碟。当农场主用汽车灯向飞碟唯一的舷窗发出信号时，飞碟停止了旋转，将它唯一的窗口对准农场主并且一动不动。飞碟要飞走的时候又开始旋转，几个机动的飞行动作过后，飞碟迅速地飞离了原地。

但是有一个特点是无论哪一种飞碟都具有的，那就是飞碟着陆后是静止不动的。所以能观察到飞碟的旋转其实也不太容易。大量的观测数据表明，旋转飞行不是飞碟飞行时所固有的属性，它的旋转与否是取决于飞碟驾驶员的意志的。

动能之谜　溯本探源

与飞碟遭遇过的人们对飞碟着陆时的情形都有几乎相同的描述：飞碟在上升或下降时会有狂风产生，风的强度可以推倒一个人。而如果飞碟停在沙漠地区，那它周围将是一片沙暴。如果飞碟下面是雪地

时，它就会把雪都吸到飞碟的腹下或造成雪旋风暴。如果飞碟停留在大海的上空，那么海面会掀起 15 米高的巨浪。而且浪头会朝着飞碟行进的方向翻涌。有时飞碟飞过时产生的力量能掀翻一辆小汽车。这些都可理解为"飞碟风暴"导致的结果。但也有这样的可能，即飞碟直接对汽车产生物理作用。在一次观察中人们发现，一辆观测车被飞碟带到了空中，然后翻倒在路旁的水沟里。

人也能感受到飞碟所产生的这种作用力。一位来自德黑兰的目击者称：他曾与一个飞碟相遇过，当时飞碟像一块巨大的磁石一样将他吸到半空中。还有一位目击者说，他看见一个飞碟乘员在向他挥手示意，告诉他不要靠近飞碟，接下来他感觉自己的双手被一种力拽向飞碟停着的方向，然后又被抛了下来，他的肩膀还碰到了飞碟的前边缘。飞碟还有一个明显的现象就是：在它下方会有一个圆柱状怪异带，这个地方会产生延伸至地面的一种作用力。观察研究表明：飞碟的这些作用力对石头以及干的木材没有影响，但是可能会影响物体的化学成分。其中尤以雪和树叶对飞碟的作用力反应最为明显。

飞碟的特异作用还不仅局限于此，它在地球上还会产生超自然性质的热力作用：地面下方的草根被烧焦了，但它暴露在地面的草却完好无损。这种情形人们只有在实验室里才能看到。美国空军实验室将

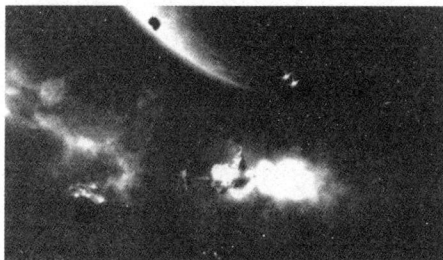

放在高速旋转的铁盘上的山菜加热到一定温度也产生了上述的现象。所以，飞碟现象研究专家认为：是飞碟以自身的交变磁场使飞碟表面产生热感应效应，唯有这一原理才能使这一现象得以产生。

还有许多例子可以证明在飞碟周围永远都有热感应现象产生。法国一名大客车司机和20名乘客同时感到热感应效应，证据就是当其中一个飞碟靠近大客车时，车内的人身上的衣服全都起火；而有一次飞碟降落在一个水泊上，待飞碟离去时水泊里的水都干涸了，包括附近的花草树木也全都干枯了。这种花木干枯的现象就体现出飞碟产生的微波效应的威力。水分子在那种情形下完全吞噬了微波能。而草根枯焦草却好好的现象就是飞碟产生的微波辐射作用的结果。

在利比亚还有关于飞碟特异现象的报告。一个农场主有一次在公路上看到一个停在路上的卵形飞碟，它的上部酷似现代战争中才有的透明圆顶形舱室，有6个类人生物坐在里面。农场主走上前去触摸了一下飞碟，一种电击的感觉立刻传遍全身。之后农场主看见里面的一个飞碟成员用手势示意他离开，那些飞碟上面的人开始摆弄他们的仪器，20分钟以后，飞碟才又飞走。

与此相类似的例子还有很多。有一名加拿大的地质学家看到一个飞碟，经过30分钟的仔细观察之后，他决定上前去探个究竟。走近飞碟时他发现，飞碟的门是敞开着的，里面好像还有人在说话，于是他就用英语和里面的人对话，接着又改用别的语言。地质学家出于好奇用戴着胶皮手套的手去摸飞碟，胶皮手套被烧焦了。飞碟离开以后，他的手上出现了烧伤的痕迹。不过令人好奇的是飞碟表面并没有什么明显特征能表明它很热，而且触摸过飞碟的人也都没有死亡，这说明飞碟的电压并不高，但飞碟上的电具体是什么电就无从知晓了。

特异效应　光怪陆离

人们是否可以推测，频率为300—3 000兆赫乃至更高频率的电磁辐射能便是引发下列现象的原因呢？

1. UFO周围的彩色光晕主要是由于大气层中惰性气体发光而产生的。
2. UFO所出现的闪烁的白光，其原理同球状闪电现象的原理相同。

3. 出现化学变化，且各种变化中的气味都不相同。

4. UFO产生的微波效应可使灯泡钨丝电阻提高，其结果是UFO附近的汽车灯光或者变暗或者熄灭。

5. UFO靠对点火系统中部分电器的接触增加阻抗和减弱供电器初级线圈中的电流，使内燃机停火。

6. 罗盘指针剧烈摆动，磁性里程突变，甚至使金属路标被震破。

7. 靠酸性电解液直接"吞噬"能量，在这种情况下汽车蓄电瓶会变热。

8. 靠骤然激发电路线圈的电压对无线电和电视广播的接收效果产生感应和干扰。

9. 使变电所绝缘继电器强行吸合，从而使电网停止供电。

10. 水分子的谐振使青草、细小树枝、小树丛枯萎，并使土壤干燥。

11. 使UFO着陆现场的草根、昆虫和树木被烧焦。

12. 使某些沥青公路变热，并使其产生挥发性气体最后起火燃烧。

13. 使人体感到发热。

14. 人会有被电击中的感觉。

15. 离UFO较近的目击者出现短暂的瘫痪。

16. 对人的听觉神经产生刺激，使人耳内听到有"嗡嗡"声或浑身酸痛。

1957年在美国空军一架B-47战斗机上进行了一次对UFO专业化程度最高的观测。当时，飞机正在墨西哥湾和美国中南部一些州的上空飞行。突然有一个像谷仓那样大，并闪着均匀红色光晕的飞碟，以远远高于喷气式飞机的速度行进着，它在空中不断更换飞行速度，以便紧跟住B-47。飞碟在飞行的时候似乎不是在飞而是在跳，从一个点跳到另一个点。对UFO的坐标定位，是用雷达在空中地面两处同

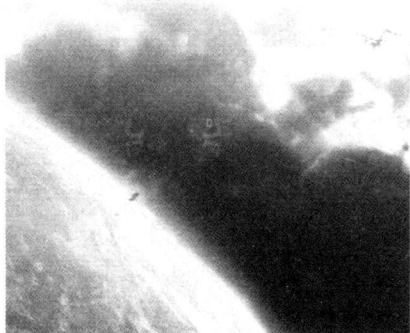

时进行的，同时还发现此飞碟能放射出频率为 2 500 兆赫的非常强的电磁辐射能。B－47 战斗机从墨西哥湾上空归来的时候，在密西西比州的墨里迪恩布上空又遇见了一个 UFO，它的速度是800 千米/时，它以这个速度跟在B－47 后面玩起猫鼠的游戏：它绕着飞机开始转圈。一个半小时以后，这种绕圈的旋转运动才结束。在这一过程中，B－47 已经飞过了整个密西西比州。B－47 随后摆脱了 UFO 的环绕跟踪回到位于福尔普斯的空军基地。在这个过程中，有 5 种监测仪器显示 B－47 曾经与 UFO 相遇，其中包括：机载雷达、两部装有电子对抗仪的机载接收机和军用地面监测雷达，以及飞行员在全程中的肉眼目测。

此次 B－47 战斗机与 UFO 相遇也有很大的收获，从 UFO 发出的信号人们可以分析得出以下结论：信号发射频率为 2 995—3 000 兆赫，脉冲宽度 2.0 微秒，脉冲复现频率 600 赫，自转速度 4 周/分，极性为垂上式。但无线电探测器对这些信号没有反映，它只表示该信号源在高速地运动。虽然 UFO 发射大功率电磁辐射脉冲信号只是采用复现脉冲低声频极窄微波波段发射，但从飞机上还是能测到这个信号源所处的方位。

UFO 的动力系统对它可谓意义重大，而 UFO 的微波能辐射流是这一动力系统重要的统一因素。UFO 的动力系统可以用某种方法来减少引力和惯性力，甚至可以把人类目前无法征服的不利飞行因素消失殆尽。这个动力系统可以使 UFO 以超高速的速度飞行，而且还不会产生冲击波。

在巴西，有一次两个目击者突然听到头顶上有一种奇怪的轰鸣声。抬头看时，发现有两个飞盘悬在头顶上方的半空中一动不动。飞盘的直径有 3 米左右。假设轰鸣声来自于 UFO 的微波能脉冲作用，那么这两位目击者就受到了远超过人体承受极限的微波辐射。如果人正常能承受的微波辐射为 0.333 兆瓦/平方厘米的话，UFO 所发出的微波辐射能就有 1.6 兆瓦，与无线广播电台 0.5 兆瓦的发射功率相比，这两个 UFO 在凌空悬停时产生的功率就非常大了。

悬疑奇案

UFO 的"异变"

　　UFO 到底是什么样的，对于没有见过 UFO 的人来说，任何异于平常的天体现象都可能被视作 UFO，那么，有哪些和 UFO 形似的现象呢？

陨石和彗星

　　陨石一般又被叫作"流星"，它并非星星，而是星星的碎片受地心引力吸引穿过地球大气层时与其摩擦燃烧而发出的亮光。陨石的大小很不均匀，从像砂粒那么小到重达数吨那么大，每天都有非常多的陨石在地球大气层燃烧掉或未燃烧掉而坠落地面。

　　很多陨石看起来就像一道闪光或是如同快速移动而寿命很短的星星，它带有一条发光的尾巴；有时会有多个一起快速越过天空，但此情况不多。正常情况下，陨石出现的时间也就是数秒钟，根本不到一分钟。陨石的头部情况很少能观察到，陨石的头部是如针状的光线，光线突然出现、增大，然后消失无影。有时候陨石本身会裂成许多小块或爆裂成碎片。

　　有时候，在特殊情况下，陨石发出的光使它看起来像一个火球，人们就误认为那是 UFO。虽然有时候陨石在几千平方千米的范围内都能够看到，但每个目睹"火球"的人都会觉得它是从附近越过的，或是在前面不远处坠落。"火球"的形状有时呈现巨大发亮的燃烧状、盘状或汤匙状等。目击者常将其形容为"大如月亮"或如同"飞机坠毁"。这些陨石常常呈现出白、绿、黄、红或是这些不同色彩交织的色调。有些陨石还会在其飞过的途中留下发亮的

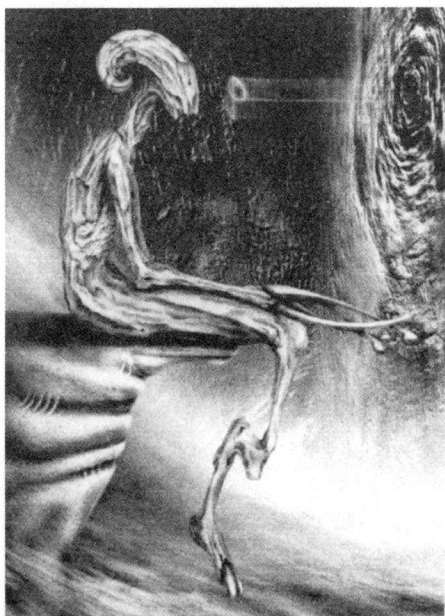

尾巴，有时会在消失前持续几分钟。还有时候这种火球飞过时会发出呼啸声。其中大多数陨石只会维持几秒钟左右，而也有例外的会持续很久，还会由一个水平面飞到另一个平面。有些陨石的亮度非常高，在白天都能从地面上看到。

虽然任何晴空夜晚都可看到陨石，但全年中也有所谓"流星出现期"，在"流星出现期"人们会在 1 小时内看到 50 颗以上的流星，也就是陨石。当陨石的坠落轨道与地球运行轨道一致时，地球的某区域越过陨石在太空中的残骸与尘埃时就会造成"流星雨"。这其中有一部分是彗星的残骸。当陨石出现时，人们就以星座作为参考点，因为发亮的陨石经常出现在某一特殊星座的天空附近。人们把天空中这些区域称为"辐射点"。

彗星是由冻结的气体和固体物质共同构成的。有些彗星属于太阳系的一分子，沿着一条极大的椭圆轨道围绕太阳旋转。它的轨道是可以预测的，称为周期性彗星；还有的彗星是来自遥远的地方，每年所发现的彗星非常多，但大部分只能以双筒望远镜或天文望远镜才能看得到。发亮光的彗星比较稀少，有一部分在一个世纪中仅出现一次。

当彗星接近太阳时，它被熔解的蒸发气体就形成耀眼的光芒围在没有冻结的核心的四周，成为白色光环；在中心核之后经常拖着发亮的尾巴，一直向太阳接近；此时来自太阳的引力使得尾巴推着核心向前，因此彗星的尾巴通常是在背着太阳的方向。

人们发现一颗发亮的彗星的时候通常都会公开宣布，因此根据目击者的描述鉴别彗星并不困难。但是肉眼无法马上看到明显移动，其移动行踪只有在晚上才能比较容易观察到。由于发亮的彗星较少，所以它们很少被误认为是 UFO。最有名的周期性彗星就是哈雷彗星，它

每隔 76 年出现一次，最近一次出现在 1986 年。

月亮、北极光、球状闪电及沼泽光

很多时候上升或下降时带红色的月亮常被误认为是UFO。尤其是在比半月大、比满月小的情况下。这是因为大气和云层环境伴随着折射和散射现象常使得月亮形状发生扭曲变形，所以使在地面上受惊吓的目击者无法辨别。就像看星星与行星的情况一样，当目击者在地平线上看到月亮或是透过云层、雾去看时，便会觉得是被不明发光体追逐。在一般农历中都详细记载着月亮上升与下降的时间和每个月当中月亮形状的变化。月亮和行星是一样的，都依黄道面的星座轨道运转，所以可以由月亮在接近某一星座时来绘出月亮的正确位置。

北极光是一种大气电磁现象，主要是由地球的磁场与太阳能互相作用而形成的，只有晚上才能看到。北极光就像一团散开的光线、发光布幕或是浪状光带在北极天空中闪烁，多呈现白色、黄绿色，有时为红色、蓝色、灰色或是紫色。北极光在北纬 23°区域的北半球能够看到，而很少在纬度为 45°以下看到，北极光很少被误认为是 UFO。

球状闪电。球状闪电是直径十几厘米的类似移动性发光球的大气现象。它通常在雷暴期间在地面附近出现，它的颜色多数是红、橙或黄色，大多数时候伴有嘶嘶声和特殊的气味。它只持续几秒钟就突然消失，有时候无声或有爆炸声。以前曾经发生过因球状闪电引起燃烧并使金属熔化而造成灾害的事件。它和普通闪电是否有关系现在还并

不确定，它的成因也还不清楚。

对于球状闪电，一些学者做出了如下几种解释：空气和气体的活动出现反常；密度大的等离子体；含有发光体的空气旋涡；等离子层内的微波辐射。

球状闪电产生的原因之一是等离子体态。近年来有一些研究等离子体的物理学家认为，UFO 现象大概都是这种自然现象，所以在几次 UFO 会议上引起争论。一般认为等离子体态导致的球状闪电被误认为是 UFO 的情况是存在的，但球状闪电理论却无法解释所有 UFO 现象。

沼泽火光。沼泽气体常发生在热带以及中纬度的沼泽低洼地区。沼泽气体还被称为沼泽火光，它常呈现如同蜡烛光大小，长度约有十几厘米长，四五厘米宽；一般呈现蓝色、绿色、红色或黄色，未曾看到过白色的。这种现象发生时，火光有时候成群存在，但有时候单独存在，常常是飘浮在空中近乎静止，不发热也没味道。引起这类现象的气体尚未被分析清楚，所以这类现象的发生原因也不明了。有人认为可能是由于自然界中存在的有机物在腐败之后产生的气体自燃发生的火光，这种因气体自燃形成的火光也常被误认为是 UFO。

海市蜃楼和圣爱尔摩火、龙卷风

海市蜃楼是因光线在不同密度的空气层中发生折射的现象，使远处景物显现在附近的虚幻景象。在特定条件下，比如在铺筑过的路面或沙漠上，空气由于受到强烈日光加热，就会向高处上升，然后又在高处急剧变冷，因此密度和折射率都增大。物体的上部向下反射的日光沿正常路径穿过冷空气时，由于角度关系通常是看不见的，但光在进入地面附近变稀薄的热空气后，则向上弯曲，再折射到观察者的眼中，从受热曲面之下发出的物体的正像似乎也能看到，这是由于一些反射光线没有发生折射沿直线进入眼中的结果。这样看到的好像是物体与其在水中反射出的倒影的双像一样。

当海市蜃楼以天空作为它的客体时，陆地就被当成湖面或是水面。有时陆地的上方，冷而密的空气层处于热层之下，这样就会出现相反的现象，因此海市蜃楼有时也会被误认为是 UFO。

等离子体态是不同于物质的固、液、气态的一种聚集状态，常常被称为物质第四态。它的组成成分有电子、正离子和原子或分子，正负电荷数几乎相等，而它的基本性质主要由粒子的集体性状决定的。宇宙中几乎所有物质都存在等离子体态。等离子体态的物理学发展与气体放电、磁流体力学和动力论的研究有关。20 世纪 50 年代以后，人们对空间探索和受控热核聚变的研究很大程度上推动了对等离子体态的研究。前面提过的球状闪电就是等离子体态现象的一个很小的部分。等离子体态现象与 UFO 的混乱关系是近年来 UFO 研究界的一项热门研究课题。

圣爱尔摩火是在空气中摩擦放电产生的火花。一般在暴风雨天气里发生，它的外表看起来很像教学塔楼或船桅等尖状物顶端的发光现象，而且还常常伴有噼里啪啦或嘶嘶的杂音。当飞机在雪或者冰晶中，或者处于雷暴附近飞行时，一般在螺旋桨边缘、翼尖、风挡和机头部分能够观测到圣爱尔摩火，即放电。飞机中通常使用机械和电器设备来减少电荷的积聚，同时还采用改变飞行速度作为安全措施和预防放电或者使放电减至最低程度的方法。圣爱尔摩火的名字来源于一个美丽的传说，传说圣爱尔摩是地中海水手的守护神。水手们都认为圣爱尔摩火是保佑他们的标志。由远处观察圣爱尔摩火时很容易将它误认为是 UFO，但在近处时，就很容易分辨出它只是由于放电所造成的。

有的龙卷风呈垂直于地面的发光柱体，它具有蓝色管心，而且光体还不断旋转，好像发出灯光的发亮火球。因此若是没有经验的人在远处看到这一现象时常常会以为那是 UFO，但只要靠近一看，就可以判断出这是一种由极大的风所形成的现象。

幻日、幻月及飞禽走兽

在太阳或月亮的同一高度上，经常会出现幻日、幻月现象，也就是在太阳或月亮两边适当的角度形成彩色光点。幻日一般呈淡红色，外部多数时候呈白色。幻日和幻月的产生是日光或月光在通过主轴呈垂直排列的六角形冰晶组成的薄片而形成的。而且，冰晶主轴在垂直于日光或月光平面上的排列是随机的。

有些鸟，尤其是白色鸟很容易反射阳光，这种现象常常看起来如移动的、发亮的神秘光点。

而迁徙性鸟类如海鸭或海鹅等，常在夜晚时分飞翔，而飞翔时常会反射月光或都市灯光，远看也像是移动性光点。还有的鸟类飞行时会因为翅膀振击水面使点呈现怪异飞行方式，远远看去也常被误认为UFO。在晴朗月光照耀的晚上，某些夜食性鸟类在追逐昆虫时也容易被视为飞行方式怪异的发光体。

有些昆虫，像蝴蝶或蜘蛛类也容易被视为UFO，特别是在蜘蛛结在空中的网反射阳光时，看起来也很像是不明发光亮点。

还有一些具有发光能力的昆虫，在夏天夜晚时分看起来像是移动光点，也有被人们误认为是UFO的可能性。

再有，一些夜间飞行并且移动方式怪异的哺乳动物，和蝙蝠，有些时候可能也会被人们误认为是UFO。

飞机与飞碟

固定班次的飞机白天在高空飞行时反射阳光，或者夜间降落时反射灯光，成为许多UFO的误判例了。有的飞机因特殊需要机尾也发出亮光，在远处看去，仿佛是一种不同寻常的发光亮点，夜间飞行时飞机的机舱内部是红色灯光，机体呈现透明状，若由远处看也会造成

误认。

飞机的前灯有红色与绿色两种，按照一定距离装于两侧，左侧是红灯，右侧是绿灯；直升机的红灯与绿灯则通常分设在降落刹车装置或轮架的两侧，而后灯通常是白色的，并且尽量装置在后面。

大型飞机一般应有旋转信号灯或防撞灯这类红灯，灯光需一定强度，而且每分钟依设定的速度旋转一定的圈数，它一般都是装在机身的上方与下方。还有些飞机装有频闪器，飞行时发出强烈的白色光线，而且光线是依一定频率闪烁的，频闪器通常是装在尾翼前侧。

而且飞机多数必须装有一个以上的降落灯，一般都是白色的寻物灯，而且通常装在机翼前侧。

降落灯与闪光灯在晴空夜晚从几千米外都能够看到。在高空中飞行的有降落灯亮点的飞机看起来仿佛闪烁不定的发光物体。而当飞机的降落灯突然打开又关掉的话，在地面看起来就仿佛是发光物突然出现又消失。飞机上其他的绿灯、红灯与白灯等由于功率低，并不能被看清楚，只有功率较高的降落灯能够被看清楚。传统的飞机按照其设计以及和地面目击者相对位置的不同，灯光的数量与位置看起来也都不同。所以从较近的距离仔细观看的话，就能从它标准的灯光设置系统、声音以及飞行的特征来判定。

而对于飞行在空中的非固定班次的其他种类飞机所发出的灯光若是不熟悉，就容易判断失误。这是因为有些广告公司利用飞机上的灯光作为广告宣传之用，但这些广告灯光只有在近距离情况下才容易鉴别。因此当广告飞机越过购物中心、海边或公路等上空急转弯飞行时，从远处观看，飞机广告用的灯光就像闪烁不断的雪茄或卵形发光体。因为广告灯光比较明亮，飞机上其他灯光一般就看不到了。

　　有时候军用救难机上的灯光也会被误认为 UFO。所以要想确定目击的不明飞行物是否就是军用救难机，最好的方法是将目击的详细资料，包括时间、地点、目击情况等告诉空军单位或 UFO 研究机构来进一步鉴定。

　　练习用飞机一般只在规定的练习区，但在进行空中表演时，有时也会偏离航道。这时候，人们也会将飞出练习区的飞机误认为 UFO。

　　以前，曾经出现过这种情况，有一家公司制作广告用的飞艇及其灯光让许多人在白天与夜间以为看到了 UFO。这种情况下，若推测是 UFO 还是广告飞艇，可以去询问这些公司飞艇的飞行时间、地点与飞行路径等。

　　最容易被认为是 UFO 的是军用飞机所施放的发亮的镁闪光弹。每一个镁闪光弹都挂有降落伞能够缓缓下降。一般来说一个以上的镁闪光弹降落在海洋或是军队的弹道范围内，就会形成一长串光。在这种情况下的闪光亮度相当强，燃烧时间大约为三分钟。闪光弹的降落伞张开时降下的速度大约为 137.16 米/秒，而根据飞机高度和大气状况能够从很远的地方（超过 80 千米远）看到。在近距离情况下（大致 2 000 米）所看到的光是白色的，但距离越远颜色也就渐渐转为淡黄色，所以有时候易被误认为是光色会变化的 UFO。

　　火箭、烟火以及高空爆炸的火花都有被误认为是 UFO 的可能性。但这些情况通常是在特定地点与时间发生，所以要鉴别并不是很困难。

悬疑奇案
最早提出关于外星人存在的是谁

关于宇宙中是否存在地外文明的问题，人类一直在苦苦探索。由这个问题所产生出的种种猜测，却因没有有力的证据而无法使人们信服。那么，到底是谁最早提出了有关外星人存在的问题？

很久以前，地球之外可能有生命存在的看法就已经产生了。当然，早期的设想都带有一些神话色彩，但是其中却也隐含着一些事实的真相。

在古老的古希腊时期，出现了许多伟大的哲学家，阿那克萨哥拉（公元前500年—公元前428年）就是其中之一。他曾对月球做出这样的设想，月球是一个像地球一样的世界。还有一位叫梅曲鲁多罗斯的哲学家，他认为，在渺茫无边的宇宙中，若是认为地球是唯一的居住世界，那就好比在一块农田里播种谷子，而断定只有一颗谷粒能发芽生长一样荒唐。

但是，阿那克萨哥拉与梅曲鲁多罗斯的猜测还只是一种哲学推理，都缺少科学的依据。而且当时又处在黑暗的中世纪，欧洲正处在神学的牢牢束缚和控制之下，这些闪烁着光辉的思想，很快就被神学的说教掩盖了。

直到伟大的波兰科学家哥白尼（1473年—1543年）进入科学的殿堂以后，他毅然否定了古希腊学者托勒密（约公元90年—公元168年）所创立的"地心说"，率先打破了神学在思想上的禁锢。"地心说"认为地球是宇宙的中心，围绕地球有九个天层，它们依次是月亮天、水星天、金星天、太阳天、火星天、木星天、土星天、恒星天，

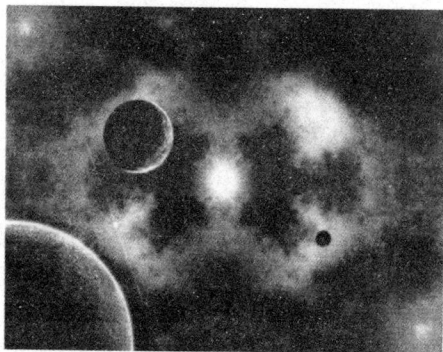

最后是上帝居住的最高天。这种学说认为，人类居住的地球在宇宙中具有非常特殊的地位，同时也否定在其他天体上有任何人类生物存在的可能性。

哥白尼经过多年的天文观测，认为太阳才是宇宙的中心，因此他冒着被教会迫害的危险，勇敢地宣布，地球不是宇宙的中心，而是和其他行星一起，围绕太阳旋转的，太阳才是宇宙的中心（当然，人们现在知道了，太阳也不是宇宙的中心，而只是银河系中无数恒星中的普通一员）。因此他的学说被人们称为"日心说"。这就使地球降到了一般天体的行列。这也使人们意识到，不只是地球上有生命，其他星球上也有存在生命的可能。

16世纪末，意大利著名科学家布鲁诺（1548年—1600年）明确提出："宇宙中有着无数的太阳，无数的地球，它们环绕着自己的太阳旋转……在这些星体上，居住着各种生物。"在布鲁诺之后，又有许多著名的科学家，如开普勒（1571年—1630年）、惠更斯（1629年—1695年）、康德（1724年—1804年）等等都从不同角度提出过有外星人存在的说法。

悬疑奇案
陨石带来了什么信息

　　陨石是流星体经过地球大气层时，没有完全烧毁而落在地面上的，含石质较多或全部为石质的陨星。也就是说陨石是来自宇宙空间的天体，因此，对陨石的研究会有助于我们对宇宙空间的探索。那么陨石会给我们带来什么信息呢？

　　人类还没有登上月球以前，我们唯一能够获得的宇宙物质的实物标本就是陨石。现在，虽然有了来自月球的岩石标本，但陨石的研究价值还是不可忽视的。因为陨石来自更广阔的宇宙空间，能够给我们带来更多的宇宙信息。

　　那么，陨石是否带给过我们关于外星生命的信息呢？

　　对于这个问题，人们还没有统一肯定的意见。有人认为陨石中一些不明的、似藻类的、被称为"组织化成分"的，就是生命的痕迹。但还有一些研究者则认为，这只是一种非生命成因的粒子。虽然对于这一现象，人们的意见一直无法统一，但是人们却能够肯定一点，那就是陨石中确实存在有可能构成生命的有机化合物。

　　1806年，在法国阿莱斯地区坠落了一块陨石。人们立即对其展开了研究，在研究该陨石时，人们发现在这块陨石中含有许多酷似地球上的腐土那样的碳化合物。因此，人们很自然地就想到：这是否表明地球外的天体上存在着生物？1838年和1857年，又有类似的两块陨石分别落在南非科尔德—博凯维尔德及匈牙利科巴。后来它们都被送

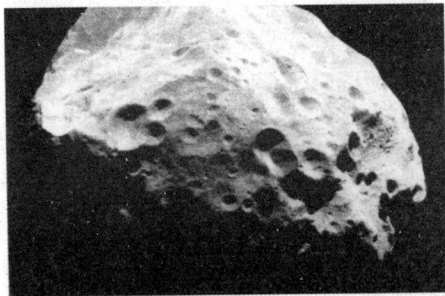

到德国著名的化学家维勒手中。维勒从南非的那块陨石中居然提取出一种油类物质，研究结果表明油类物质是一种有机化合物。所以他推测，这块陨石来自有生命存在的天体。

　　随着科学技术的不断提

高，人们在陨石中发现了越来越多的有机物种类，其中有构成蛋白质的氨基酸，构成核酸的嘌呤与嘧啶，还有和动物血红素与植物叶绿素有密切关系的卟啉等等，大约有六七十种之多。尤其是在 1961 年，美国的纳齐和克劳斯居然在陨石中找到了非常类似于水中藻类化石的微小物体，它看上去好像是单细胞微生物，在其内部还呈现出了类似于细胞分裂的形状，这在当时非常轰动。但是，也有人怀疑，陨石中这些有机物，可能不是从宇宙中带来的，而是在坠落过程中，或者是坠落以后，或者是在人们发现后的运送过程中，污染上去的。苏联科学家就曾做过这样一个实验：他们把经过杀菌消毒处理的陨石埋到地里，四天后取出进行检验，结果发现，陨石的中心都已被微生物所污染。

但是，专家们发现各种有机物都有左型、右型的区别。也就是说它们虽然具有完全相同的化学成分和极为相似的物理化学性质，但分子中的原子或者是原子团的空间配置，却有左右的分别，就如同我们的双手一样。最有趣的是，地球上和生命有关的有机物都是左型，人工合成的有机物却是左、右型的出现率各为 50%。而人们对陨石中的有机物进行检验之后，发现它们的左右型是大致各半。这就说明，它们应该不是地球生物污染的结果；当然也不可能是有人经人工合成后故意沾上去的，而可能是陨石自身带来的。

悬疑奇案

千年 UFO 档案

　　五千年历史文化照耀古今，中国的典藏古籍承载了无比悠久和灿烂的历史，在这一束束历史之光中，UFO 的光束也一样夺人眼目，动人心魄……

　　在中国，对于 UFO 的研究已经成为一幅横亘古今的历史长卷，可以说，中国是世界上最早记录不明飞行物现象的国家之一。除民间传说外，在各种古籍中都记载着大量有关不明飞行物的资料。

苏东坡曾经遭遇 UFO

　　早在三四千年前，我国就有"飞车"的传说，后来又有"赤龙""车轮""瓮""盂"等类似于现代人们对 UFO 现象的描述或比喻。

　　除了种种民间传说外，在各类古籍中也有大量的记载，像《庄子》《拾遗篇》《梦溪笔谈》《御撰通鉴纲目》《二十四史》《山海经》等。尤其是在许多地方志中，对这类奇闻异象更有着极为丰富的实录，在湖北松滋县志中就记录了酷似所谓"第三类接触"的事例。而宋代大诗人苏东坡曾在一首诗中描绘了他亲身经历的 UFO 事件，诗云："江心似有炬火明，飞焰照山栖鸟惊……"

　　原来苏东坡在往杭州赴任的途中曾去夜游镇江的金山寺。当时月黑星稀，在远处的江中忽然亮起一团火来，这使苏东坡大惑不解，于是就在《游金山寺》一诗中记载了这一情景，"是时江月初生魄，二更月落在深黑。江心似有炬火明，飞焰照山栖鸟惊。怅然归卧心莫识，非鬼非人竟何物？"

　　宋代科学家沈括经常用"地学说"来解释这种 UFO 现象。他曾在《梦溪笔谈》卷

二十一中记载了一件不明发光物事件："卢中甫家吴中，尝未明而起，墙柱之下，有光熠然，就视之，似水而动，急以油纸扇抱之，其物在扇中涅涅，正如水银，而光焰灿然，以火烛之，则了无一物。又魏国大主家亦常见此物。李团练评尝与予言，与中甫所见无少异，不知何异也。"

根据中国科学院云南天文台研究员张周生的调查分析，乾隆年间的广东《潮州府志》曾经有这样的记载："明神宗万历五年十二月初三夜，尾星旋转如轮，焰照天，逾时乃灭。"

这则记录是典型的关于古代螺旋状飞行器的记载，这些记录否定了一些人认为螺旋状飞行器是现代才有的看法，现在人们所见的螺旋状飞行器在古人的记录中是"尾星旋转如轮"，而这样的记载还有许多。

《赤焰腾空》

人们往往将清代画作《赤焰腾空》认为是一篇详细生动的 UFO 目击报告。

《赤焰腾空》是清代画家吴有如晚年的作品。画面上描述南京朱雀桥上行人如云，皆在仰望天空，争相观看一团团熠熠的火焰。画家留在画面上方的题记写道："九月二十八日晚间八点钟时，金陵（今南京市）城南，偶忽见火毯（即球）一团，自西向东，形如巨卵，色红而无光，飘荡半空，其行甚缓。维时浮云蔽空，天色昏暗。举头仰视，甚觉分明，立朱雀桥上，翘首跐足者不下数百人。约一炊许渐远渐减。有谓流星过境者，然星之驰也，瞬息即杳。此球自近而远，自有而无，甚属濡滞，则非星驰可知。有谓儿童放天灯者，是夜风暴向北吹，此球转向东去，则非天灯又可知。众口纷纷，穷于推测。有一叟云，是物初起时微觉有声，非静听不觉也，系由南门外腾越而来者。嘻，异矣！"

吴有如的这幅《赤焰腾空》图成为人们公认的详细生动的目击报告。火球经过南

京城的时间、地点、火球大小、目击人数、发光强度、颜色、飞行速度都有明确的记述，只是各种猜测都无法很好地解释。这幅画大约作于1892年（光绪十八年），在一百多年前，人们对于不明飞行物还没有统一的称呼，诸如飞碟和UFO的说法，当时的人们没有意识到，这幅《赤焰腾空》图竟成为今天研究UFO的一则珍贵历史资料。

民国时，有人看见过空中"忽起一道圆光"，在场的众人看得眼花缭乱。

还有在民国时有一个叫张瑞初的人在《西神遗事》中曾记载："是夜，星光满天，却无月色。各人正在险滩，瞥见空中忽起一道圆光，大可亩许，圆光中有一紫一白两种色，此进彼退，此缩彼张，各人看得眼花。足有五分钟，白光便不见，仅有紫光，在一圆光内渐缩渐小。初如笆，继如斗，如碗，如拳，如指，忽尽灭。众人静坐呆看，其他游客见者，无不惊异万分，议论纷纷，莫衷一是。"

现代的记载

而到了最近几年，媒体的密切关注使更多的UFO不解之谜呈现在公众面前。

近年来，我国经常出现UFO目击事件，对此人们众说纷纭，各执己见。

1995年7月26日，辽宁省阜新市12人称曾亲眼目睹空中出现脸

盆大小、带云雾状光环的不明飞行物体在来回移动。同日，广西西部四个县天空中也出现不明飞行物，直径两米左右，整个形状很像弯月捧太阳，并带有扇形光环。

1995 年 10 月 4 日，中国东北某地区上空四架飞机的驾驶员报告称，在天空同一位置发现不明飞行物体，物体呈白色椭圆形，但对不明飞行物的颜色众人说法各异。

1996 年 8 月 25 日，厦门上空出现两个环状发光不明飞行物体，被船员用摄录机拍下当时的实况。

1996 年 10 月 9 日，石家庄机场上空 9 600 米处，南方航空波音757 客机由北京飞往武汉途中，被一不明物撞击，驾驶舱前方的双层挡风玻璃被撞，飞机返回北京机场安全着陆。

其实有许多发现"不明飞行物体"的情形都很引人注目。

1997 年 12 月 23 日，广州也有人发现不明飞行物体。有不少人称看见一个状似碟形的发光物体，持续飘移将近一小时才消失，综合各目击者所述资料，该不明飞行物体最早出现的时间在 23 日晚上 7 时45 分，在 8 时 40 分左右消失，其外形扁平椭圆，通体透明，发白光，飞行物上部还依稀可看到一排窗口，据知情人透露的宽度与一座楼宇的宽度相仿。广州发现 UFO 引起市民议论纷纷，虽然有人很确信地说所见到的一切都是真的，但还是有人认为所见到的只是军队试验的新型战机，也有人认为可能是某种灯光使人们产生了幻觉。

哲人的观点

爱因斯坦说："在研究自然时，我们所要探求的是无限的、永恒的真理，一个人如果在观察和处理题材时不抱着老实认真的态度，他就会被真理所抛弃。""UFO 显然是来自地球以外的物体。""他们是什么人还不知道，但从宇宙飞行来看，他们肯定具有比我们杰出得多的文明的智慧生命体。""想象力比知识重要，因为知识是有限的，而想象是无限的，它概括着世界上的一切，

推动着进步，并且是知识的源泉。"国际著名 UFO 专家海尼克博士说："不明飞行物现象是绝对存在的，我们所不知道的，是它的本质，因此进行科学方面的研究是必要的。无疑，这项研究会给人类文明和科学技术的发展带来前所未有的进步。""人类的智慧是无穷的，UFO 研究的道路是曲折而漫长的，让我们展开地球人类思维的翅膀，孜孜追求，运用自己的智慧和双手创造未来，迎接人类历史上更加光辉的时刻吧！"我们还可以借鉴德国哲学家费尔巴哈的话从哲学的高度概括这一现象，思想者的智慧表现在辩证性上，自己就是自己的反对者，怀疑自己，是最高的艺术和力量。地球人最大限度地发挥着想象力，向茫茫太空发出人类友好和平的信息。美国的"先驱者 10 号""先驱者 11 号""旅行者 1 号"和"旅行者 2 号"四艘宇宙飞船负载了人类的重大历史使命，携带着地球人的四封信，向太阳系以外的茫茫星空飞去。信件内容包括了很多方面的信息，在一块长 22 厘米、宽 15 厘米的镀金铝板上，刻有太阳系及地球的位置，画有裸体的地球人类像以及中国长城、旧金山金门大桥等建筑。除此之外，飞船中还旋转着题为"地球之声"的镀金制唱片，可连续播放 120 分钟，其

中录制了巴赫、贝多芬等人的乐曲以及美国总统卡特、联合国秘书长的问候，还有地球婴儿呱呱降生的哭声。载着这些信件的宇宙飞船以11千米/秒的速度离开太阳系，即使到达离地球最近的"半人马座"比邻星也要8万年。我们希望当外星生命收到来自地球的信件的时候，人类依然在地球上生存，而不是曾经在地球上生存过。太阳系只是银河系中一个平凡的星系，太阳系与银河系间约有四千亿颗星，其中有近千亿颗恒星，而每颗恒星都有行星环绕，形同太阳系一样，其中大约有四百亿颗星球上可能有生命。红外线卫星收集资料显示：其中有10%的星球温度不冷不热。所以地球人可以推测在40亿个星球上可能存在着生命。许多科学家不相信智慧生命只是地球独有。美国哈佛大学学者成兹认为："说不定他们（指外星人）的沟通方法不是无线电波，而是光纤或有线电视，所以他们的信息总也传不到太空来。"大宇宙的生成早在距今200亿—150亿年，而地球诞生至今不过46亿年而已。这样推算，在百亿年前，其他行星就可能早已有生命的产生和演化了。所以宇宙中存在比地球人进步数亿至数十亿年的高智慧生物并不稀奇，甚至可以说是理所当然的。当然，这是依据有关资料、数据的推测，事实究竟如何，尚待地球人类继续研究与证实。

悬疑奇案

不明飞行物的沙漠机场之行

沙漠戈壁等荒无人烟的地方是 UFO 经常出没之地，UFO 为什么会选择这些荒凉之地作为着陆点呢？它们是在避开人类的追踪进行秘密行动吗？

院士们的考察发现

1998 年 9 月底，王大珩、罗沛霖、崔俊芝几位院士来到巴丹吉林沙漠，几位院士要在这里做一段时期的沙漠考察。

转眼到了中秋节，也恰逢杨士中院士的生日，沙漠基地为院士过了一个别具意义的生日，院士们当时都很感动，席间提及晚上要在机场做试验，大家决定一起去看看。

晚上 8 点钟时，试验开始，战斗机滑翔在跑道上，到处是晃动闪烁的人影，就是在这个基地上，以前曾经发生过目击 UFO 的事件，其中一位叫赵煦的无人驾驶飞机专家、空军专业技术少将就曾亲眼目击过 UFO 出现在天空中的情景。两个月前的 8 月 6 日晚，像中秋节晚上一样，赵煦正领导科研试验。当时飞机准备从跑道由南向北起飞，就在这时，突然跑道北头一上一下两个巨大火团从天而降。"当时在场的人都感到这两团火就要烧过来了，纷纷下意识地躲避。"赵煦头脑冷静，马上招呼塔台上的人赶快下来拍摄。当摄像的人跌跌撞撞下来后，这两团火球又腾空而起。火球从里向外辐射出几道光束，来去无踪没有任何声息。

1999 年春节刚过，中国科学院古脊椎动物与古人类研究所向几家媒体介绍关于硬骨鱼起源课题的一项新的研究成果，会后恐龙专家赵喜进对众人提起，几年前在新疆戈壁滩上进行恐龙化石考察时，他和

恐龙专家董枝明等人曾亲眼看到过一次 UFO。当时他正从帐篷里出来，一抬头望见远处一断崖上方一个耀眼的巨大物体正在移动，光焰照亮了半边天空。当时他没有反应过来，好一会儿头脑里才意识到这可能是不明飞行物。他回身从帐篷里提起枪，又大声呼喊其他人出来观看。这时董枝明撩开帐篷目睹了这一罕见场面。没有任何飞行器有如此大的能量，所以当时也没有人开枪射击去以卵击石。

许多目击报告都认为这是不明飞行物，戈壁沙漠是 UFO 事件的多发区，一是由于地广人稀，二是因为能见度好。也许还有其他原因人们至今尚未发现。

其实像这样发生在机场上空的不明飞行物骤现的现象于今不在少数。

1998 年 10 月 19 日 11 点左右，河北沧州空军某机场上空发现不明飞行物。当时雷达报告：有一个物体在空中移动，就在机场上空，正向东北方向迅速飞去。同一时间，机场上的工作人员也发现了头顶上空有一个亮点，起初像星星，一红一白，并且在不停地旋转。也许是由于飞行物降低了高度而使轮廓变大了，所以它看上去很像一个蘑菇，下部似乎有很多灯，其中一盏较大，一直照射向地面。

但航管部门迅速证实，这个机场上空没有民航飞行通过，而空军部队的夜航训练也已于半小时前结束。那么这很可能是外来飞行器，部队立即进入一等战略准备。

到晚上 11 点 30 分，雷达报告不明飞行物已到河北青县上空并悬停在那里，高度大约是1500 米。

忽然一发绿色信号弹升空，与此同时一架歼击机拖着火舌轰鸣着飞入夜空，飞行员是飞行副团长和飞行大队长。他们根据地面指挥的方位、高度驾驶飞机到达目标所在位置，他们很快发现

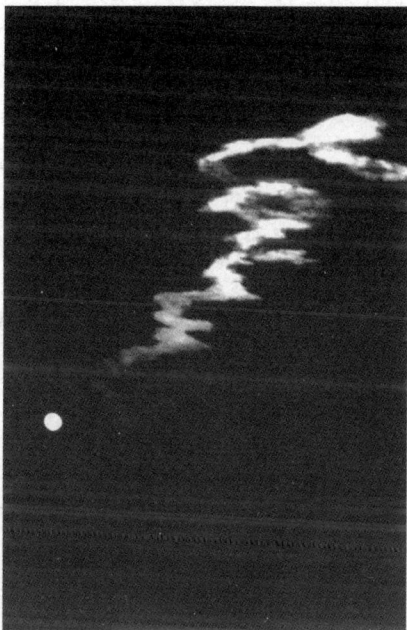

了这个飞行物：轮廓呈圆形，顶部为弧形，底部平，下部有一排排的灯，光柱向下，边缘有一盏红灯，整个形状看起来就像个巨大的草帽。夜航指挥李副司令员命令飞行员向那个飞行物靠近。在飞机距离飞行物大约四千米时，飞行物突然上升。飞行员立即驾机升高，当飞机不断上升时，飞行物却来到飞机的正上方，可见这个不明飞行物飞得比飞机速度要快。飞行员决定试探一下这个飞行物，突然改变飞行方向并下降高度，与飞行物拉开了距离。而这时候，那个飞行物似乎很有灵性也尾随而来。两位飞行员抓住时机突然加力，想要占据高度优势，飞机突然跃升倒飞，但当飞机改为平飞时他们发现，飞行物不知何时已经比他们高出 2 000 米了。飞行员驾驶飞机继续追击飞行物，副团长刘明把飞行物套进瞄准聚光环，打开了扳机保险，同时请示是否要将其击落。李副司令要求他们不要着急，先看清楚是什么再说。虽然飞机已经加大了油门，但仍然无法靠近飞行物，飞机上升到 1.2 万米时，飞行物早已在 2 万米的高空。这时飞机油量发出告警信号，再追下去燃料将告急。地面指挥只好命令飞机返航，让地面雷达继续跟踪监视。当两架新型战斗机准备要升空捕捉这个飞行物时，它已经摆脱了雷达的监视不见踪影了。

W外星人与UFO悬疑奇案

WAIXINGREN YU UFO XUANYI QI'AN

专家对UFO的探索

悬疑奇案

科学家眼中的 UFO

　　海尔曼·奥伯特博士是世界上第一个真正研究 UFO 的科学家，被誉为"宇宙航行之父"，他是建立现代火箭理论基础的伟大科学家。

　　受德国政府之托，他从 1953 年起的三年内，在约 70 000 件目击报告中提到的 UFO 残片中选出最可信赖的 800 件，从中推算 UFO 的航空工程性能，并得出以下结论：科学可以把不可能和不能证实的问题看作可能，为了说明观察事实，必须充分地考虑科技假说。在已有假说中，UFO 是地外智慧生命操纵的飞行物，最符合观察事实。

推翻否定论法则的根据

　　法国天文学家、计算机学家贾克·瓦莱博士，1954 年对从西欧到中东集中发生的 200 件以上的目击不明飞行物事件进行统计分析，结果发现很多推翻否定论法则的根据的东西。如目击事件与人口密度成反比，这和人口越多越易产生集团幻觉说相反；目击事件发生在日常生活中，且目击者无性别、年龄、职业和学历方面的偏颇，这与幻觉和病态妄想说相矛盾；从着陆痕迹测定或从状况推测的 UFO 的直径都为五米左右，这种暗含 UFO 的现象，与其说是心理的，不如说是物理的；目击的时刻分布和着陆地点分布的状况显示出存在智慧控制。瓦莱博士在 1966 年公布他的研究成果时说："只要不拒绝把 UFO 作为空中物体来研究，那么，不把 UFO 着陆的报道作为研究对象是没有道理的。只要承认有被智慧控制的可能性，就没有理由否定 UFO

着陆和搭乘人员降落的可能性。"

目击者汤博

有许多科学家曾目击过UFO，如著名天文学家、冥王星的发现者汤博。1979 年 8 月 20 日，他和妻子、岳母在新墨西哥州拉斯克鲁塞斯的住宅之外看到"6—8 个长方形的绿光群"，汤博说："这是在夜空模糊地浮现出轮廓的巨大船体的舷窗，它随后远去，逐渐变小，最后消失。如果这是地面上某个物体的反射物，那么同样的现象应该反复出现。我经常在自己家的庭院进行天文观测，但这样的现象也仅在那个时候见过一次。"

地外智慧生物

地球之外存在智慧生物，这是 UFO 研究中的主要流派的根本观点，而 UFO 就是这一观点最有力的证据。但是，近几年来 UFO 虽然仍在不断出现，可人们却没有充分证据来证明 UFO 就是外星智慧生物的宇宙飞船，因而 UFO 研究曾一度陷入窘境，甚至一些曾坚持以上观点的 UFO 专家也开始动摇，认为 UFO 研究已经步入歧途。但研究并没有因此走入绝境，20 世纪 80 年代后期出现的一些证据是令人鼓舞的，它们可能会对 UFO 的研究产生重大影响。

外星人尸体

1988 年底，苏联一支由科学家组成的探险考察队在对戈壁沙漠进行科学考察时，有了更令人吃惊的发现：他们在沙漠地区发现了一个半埋在沙堆中的不明飞行物。而更让人吃惊的是：在这个飞碟中居然发现了 14 具外星人的尸体。据苏联当时的科学家推测，这架飞碟至少坠毁在 1 000 年前，由于沙漠非常干燥，坠毁的飞碟乘员的尸体没有腐烂。这一消息是苏联科学家杜朗诺克博士 1990 年在南斯拉夫宣布的。

悬疑奇案
奥兹玛计划

UFO 研究涉及语言学、人类学、教育学、心理学等许多方面。有人认为，UFO 乘员通过观察可以全面认识我们的世界，而有人则认为 UFO 乘员只能部分地了解我们，对地球的某些方面一定会有很大的误解。

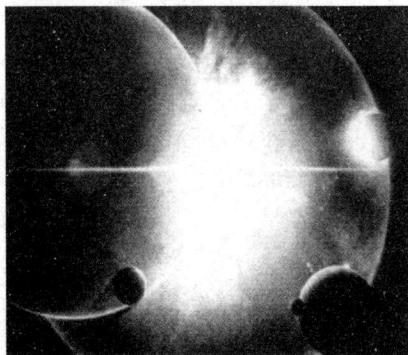

"假若我们能跟他们交流的话，我们就可以纠正他们的某些错误。"一位语言学家态度严肃地说。说起来容易，但要真同外星人进行联系，恐怕有相当一部分宇宙学专家都存在着恐惧心理，并且这种恐惧心理已传染给制订征服宇宙计划的最高负责人。

可是，有些外星人的信号已经发来，而且显然是发给地球人的。这些信号表明，外星人已掌握了相当先进的通讯手段，而且了解我们的科技水平。即便我们拒不回答，他们仍不会泄气，某些分析家认为，UFO 长期游弋在地球空间就是努力与我们沟通的表现，是在为同地球人接触而进行着必要的准备工作。

外星球无线电信号

地球人接到来自宇宙的第一个无线电信号最早始于 1899 年。美国人尼古拉·特斯拉在科罗拉多州的实验室收听到一种外星智慧的奇怪信号，经过长期研究后得出结论：一些技术上极为先进的智能生物正在努力同我们进行联系；1921 年，无线电报发明者——意大利物理学家古列尔莫·马可尼截获了来自宇宙的电码信号；1924 年，当火星处在离地球最近点时，美国阿默斯特学院天文学教授戴维·托德收听到了来历不明的无线电信号；美国斯坦福大学射电天文研究所的罗纳德·布雷斯

韦尔博士说，他在 1927 年、1928 年和 1964 年都曾收到过来历不明的无线电信号；1959 年，美国宇航局收到地球轨道上一颗陌生卫星的信号；同年，美国全国科学基金会制订了一项收听宇宙信号的计划，这件事立即引起了一些人的注意。该基金会不久就截获了不少来自宇宙的信号，这甚至让某些科学家感到恐慌。

"奥兹玛计划"

1960 年，美国著名天文学家奥托·斯特拉夫博士宣布实施"奥兹玛计划"（OZMA），这引起了各国科学家和世人的极大关注。博士在公告中宣称：在我们的银河系里，至少有 100 万颗星球上存在生命，其中先进的文明已经知道地球的存在，因此同这些文明建立联系或收听他们的信号是至关重要的。博士那时研究外星生命已有 30 年之久，因此他的谈话自然引起了大家的注意。

主持"奥兹玛计划"的是大家所熟悉的著名学者弗兰克·德雷克。从 1960 年起，他一再强调同更加先进的世界发生接触只会对地球人有好处——治病的新药、寿命的延长、宇航范围的扩大、宇宙奥秘的揭示……这些都会促进地球文明的进步。德雷克不久又宣布，我们有能力截获外星宇宙飞船间的无线电信号。不过，斯特拉夫和德雷克都避而不谈 UFO。因为美国空军反对他们的计划，而他们也不想招惹美国空军。

计划半路夭折

1961 年初，德雷克及其合作者迈出了决定性的一步：他们特别仔细地研究了离太阳较近的具有自己行星的 TAUCETI 星。据说在德雷克博士的领导下，一大批学者在精密的射电望远镜前观察了仅两分钟，就收到了有规则的电波信号。由于害怕此事会在民众当中引起强烈的反应，他们决定对这件事严加保密，但还是走漏了风声，对此五角大楼动用宣传机器进行辟谣："人们所说的来自宇宙的信号，当局认为是某一秘密军事电台发出的。鉴于这是国防机密，我们不便公布

该电台的详情。"不久，斯特拉夫博士便匆匆发表了声明，宣布取消"奥兹玛计划"。大家对他前后截然相反的态度相当纳闷，对此他解释说希望收到来自其他星球的信号仅仅是头脑发热而已。可是他又自相矛盾地说，假如收到这种信号，我们要回答是很冒险的。当记者问及"奥兹玛计划"会不会再次提到议事日程上来时，他悻悻地说："千年以后再说吧！"

不久有传闻说，来自 TAUCETI 的电文已被破译，这使知情者陷入恐慌之中。据说，所谓的电文仅仅是一种"声音"，但斯特拉夫博士突然变卦的做法实在令人深思，因为如果这里边没有什么"名堂"的话，他是不会出尔反尔的。

博士屈服了

实际上，这个科学家小组是受美国空军科研局控制的。该局把令人不安的信息严密地封锁在保险柜里，TAUCETI 信号大概永远也不会公之于众。种种迹象表明：斯特拉夫博士被说服了，他把事实掩盖了起来。从此之后，宇宙学家们一提起外星信号就提心吊胆。

外星人的威胁

阿瑟·C·克拉克是美国宇宙航行问题专家，他认为不怀好意的外星高级智慧生物在通过电波散布不安和痛苦，企图使人们集体自杀。有些科学家明明掌握着大量的目击报告，也知道美国空军对 UFO 问题的秘密结论，但他们都成了惊弓之鸟。他们甚至向人们提出警告，劝说人们不要希望外星人会怀有友好的诚意，说不定外星人会把我们消灭或使我们沦为奴隶。托马斯·戈尔德则认为结果会更加严重，说外星人会像我们吃鱼那样把我们当作佳肴吃掉。

布鲁金斯基金会在给美国宇航局的报告中有 5 页专门论述了外星来客，但令人吃惊的是，它却只字不提 UFO，更别说与外星人接触了。而不愿意提及同 UFO 接触的人，是害怕这种接触会引起全社会的恐慌。

悬疑奇案
国际斯塔科特计划

美国"国际斯塔科特计划"（P. S. I.）是一家民间科研机构。拥有一批科技人员和一系列精良的仪器设备，数十名观测员十多年来持之以恒地守在仪器旁耐心地等待着不明飞行物的出现。

斯塔科特计划的建立

国际斯塔科特计划是在1968年7月29日由加里·郭德森博士主持的一次天文科学讨论会期间创建的。

这一计划刚建立的时候仅是一个由几名科学家组成的观测小组，但经过三十余年的努力，现在已经有了相当的规模。它在得克萨斯州奥斯汀市西北郊三十多千米处有一个观测基地，那里有两幢楼房供研究人员使用，周围山顶上安装有各种灵敏的仪器，只要出现UFO，这些仪器就会自动记录各种数据，拍摄下详细的影像资料，并发出警报。这个机构除各种研究人员外，还有5名专职科学工作者负责整个计划的执行。国际斯塔科特计划的另一个任务是研制新的仪器。他们在1985年设计出了一套全自动报警、跟踪、录像和记录的系统。该机构还拥有专门的车辆，随时可以奔赴美国北部各地调查UFO事件。

先进的探测设备

大家都知道，绝大多数UFO目击的报告都谈到了不明飞行物的电磁效应、温度骤变、气压上升和怪音等现象。国际斯塔科特计划的实验室里有三台自动磁力仪和一台重力仪，此外还有一台微型气压计、一台静电计和数架

录像机。凭着这些仪器，研究人员可以对四周山头上的观测人员用无线电话传来的一切 UFO 现象的资料进行及时处理。两幢楼房及四周山上的许多观测点都装有电子钟，这样就可以获得 UFO 活动的统一、精确的时间。为了能够在 UFO 出现时同其取得联系，国际斯塔科特计划有一台激光通信仪，它能发射出各种信号。在国际斯塔科特计划的实验室里，还有一台 35 毫米的摄影机、一台报警录像机和另外三架 35 毫米的同步录像机。这些专门的仪器可以捕捉 UFO 的精确形象。

国际斯塔科特计划实验室内还有 1 架雷西翁 1700 型监视仪，监视范围为方圆 20 千米，可以旋转 360°，频率为 9 385 兆赫。假如有一个 UFO 出现在周围某个空域，雷达会首先发现它，并测出它的距离以及它在天空中水平和垂直位置的数据。这些数据会被立即输入大楼里的电脑，电脑根据需要马上发出调节各观测站仪器的指令。电脑还能够预报 1 200 平方千米范围内 UFO 的最佳飞行路线及可能的着陆点。这样，分布在这个范围内的志愿观测员就会接到通知，随时准备迎接 UFO 的光临。

悬疑奇案

蓝皮书计划

1947年初，执行蓝皮书计划的调研组织成立，总部设在美国俄亥俄州的莱特帕特森空军基地。1952年改名为"蓝皮书计划"。这项计划起初属航空技术情报中心管辖，后又移交给外国技术局领导。

UFO目击热潮

1964年4月24日，警官朗尼·赞莫拉在近距离内目睹了一个着陆的不明飞行物，它状似鸡蛋，泛着银色光泽。此外，他还看见有两个矮小的类人生命体站在飞行物附近，但当他走上前去仔细观察时，这个不明飞行物突然发出巨响飞走了，在荒芜的沙滩上留下的是烧灼过的植物和着陆时留下的痕迹。赞莫拉是一位受人尊敬的警官，他曾经帮助天文学家寻找过落到地球上的陨石，所以他的报告引人注目，一下子便成了全国性的新闻。美国空军对这一案例进行了调查，但无法做出解释。

就在公众对UFO的兴趣还相当浓厚的时候，该调研组织发表了《UFO的证据》这一报告，报告列出了UFO的许多重要目击者的姓名，并介绍了他们的发现。报告还要求开展对UFO的大规模科学调研组织的发展研究。

1964年之后，调研组织得到了迅速的发展，同时其研究网点也增加了很多。在全国范围内建立了一流的研究小组，其成员包括科学家和其他技术人员，地点设在美国宇航局科学考察站、通用电气公司实验室和一些大学等科研场所。

1966年春季，在美国又开始出现了UFO目击热潮，这次热潮至少持续了两年时间。虽然美国

空军仍然坚持说没有发生无法做出合理解释的任何现象，但是公众却不再相信这些话了，美国主要的报纸和著名的评论员也点名批评了美国空军。

一连串的 UFO 事件惊动了当时的美国总统约翰逊。在总统的关注和舆论的压力下，美国空军于 1966 年出资 50 万美元与科罗拉多大学签订了一项协议，决定对 UFO 进行研究，该项目的首要负责人是著名的科学家爱德华·康顿博士。

蓝皮书计划危机

起初，科罗拉多计划是完全独立地进行的，调研组织提供了数百份 UFO 案例的材料、各种文件和建议。但是，随着时间的推移，康顿博士开始公开诋毁有关 UFO 的陈述，每一次他都无中生有地说他的讲话被人歪曲了。这种态度甚至使那些正在尽心竭力完成这项计划的科学家们感到惴惴不安。最后，矛盾不可避免地激化了，调研组织只好收回所有的帮助和支持。而为科罗拉多计划服务的一些科学家被解雇，另一些则提出了辞呈，整个计划受到了致命的打击。

《康顿报告》

为了完成与美国空军签订的协议，科罗拉多大学继续进行研究，最后发表了一篇报告，即著名的《康顿报告》。这份长达 1 500 页的报告做出了否定 UFO 存在的结论，但其中仍收录着不少描述生动、情节详尽、无法解释的案例。报告一经发表，一位持不同意见的科学家立即在一本书中对该调查结果表示异议。于是，又引起了一场新的激烈争论。不过这一次，许多科学家都卷了进来，想知道究竟争论的要点是什么。《康顿报告》的字里行间含蓄地承认有许多案例是无法解释的现象。卓有声望的美国宇航局成立了自己的 UFO 研究小组，他们不同意《康顿报告》，而认为 UFO 是一个真正的科学奥秘。尽管这样，美国空军仍然利用了《康顿报告》，决定撤消对 UFO 的研究。1969 年，"蓝皮书计划"宣告结束，它所有的档案都被存在美国国家档案馆内。

悬疑奇案
美国与苏联的努力

在 20 世纪 70 年代初的一项调查中，美国有 1 500 万人自称看到过 UFO，其中包括美国前总统吉米·卡特。

来自宇航员的报道

美国宇航员麦克迪·维特和怀特的报告更引人注意，他们驾驶"双子星座 4 号"宇宙飞船绕地球飞行到第 20 圈时，在夏威夷和加勒比海之间的上空发现了一个银白色的 UFO 飞向他们乘坐的宇宙飞船。他们非常担心与之碰撞，正欲采取回避措施时，UFO 从飞船旁高速飞了过去。这些宇航员都是一些优秀的技术人员，他们熟悉火箭、卫星和其他常见的飞行物，因此不会产生错觉。

州长与外星人

佛罗里达州州长伯恩斯与 UFO 的遭遇更是轰动一时。1966 年 4 月 25 日，去参加竞选的伯恩斯和工作人员以及记者十余人正乘飞机飞行时，州长突然惊呼："看，UFO！"人们涌向舷窗朝外看，在空中发现一个橘黄色的火球。起初他们以为是森林大火所引起的，仔细

一看，才发觉火球来自与州长座机处于相同高度的两个发光体，其飞行速度大约为460千米/时。州长命令驾驶员追踪，两个发光物体突然垂直上升，瞬间消失。第二天曼斯菲尔德在报纸上发表了关于此事的报道，引起了很大轰动。

雷达发现的 UFO

1966年8月27日，北达可达州战略火箭基地雷达站发现了 UFO，与此同时，基地对外的电信联系突然中断，该基地安装有3条安全通信系统，在正常情况下电信联系不会中断，因此基地司令惊慌失措。随后，UFO以令人难以置信的速度垂直向高空飞去，从雷达屏幕上消失了，基地与外界的通信联系也随即恢复正常。

1966年美国空军出资50万美元由科罗拉多大学设立"独立研究项目"对 UFO 进行追踪探索。

苏联境内的 UFO 事件

与此同时，苏联境内也发生了多起 UFO 目击事件。克格勃对此现象自然也不会放过，于是他们约请了一批科学家组成"苏联宇宙飞行调查常设委员会"，由斯特加洛夫空军少将主管这件事。该委员会与天文台合作，采取各种先进的技术手段对已发现的 UFO 资料进行研究，特别使斯特加洛夫少将感兴趣的是1963年6月8日在苏联发生的一起 UFO 事件：宇航员毕考夫斯基正在飞行时，突然发现一个椭圆形 UFO 尾随飞船，但片刻之后 UFO 便改变方向突然远去。

表面上极力掩盖事实真相，对外宣称"UFO为无稽之谈"的苏联科学院，暗中一直没有放松对 UFO 的研究。苏联宇宙飞行调查常设委员会其实就是一个得到克格勃支持的官方 UFO 秘密研究组织。此外，还有一些苏联科学家私下从事 UFO 的研究，阿格勒特斯博士和莫斯科航空学院的吉格尔博士均在此列。

悬疑奇案
美国的 UFO 调查组织

　　美国的"飞行器内部系统调查组"（简称"设计调查组"）是一个非营利性的团体，由医生、航天工程师、科学家等专业人员和支持他们的政府部长、艺术家及新闻界人士组成。该组织的研究重点在UFO内部系统与工程学研究上。

调查结果分析

　　设计调查组收集了数十起外星人劫持人质的案例。调查结果表明：在18起案例中，有15起案例的被劫持者受到了医学检查；在19起案例中，有15起在劫持中出现了某种光束；在另18起案例中，有15起的被劫持者留下了医学上所说的后遗症；在17起案例中，有15起案例的被劫持者描述了飞船的内部结构。这个设计调查组已经把有关问题列了表，这对调查劫持案例的人员会有帮助。表内列举的问题涉及不明空间飞行器的详细工程系统、医学检查及检查时所用的仪器、外来生物的生理情况和被劫持者生理上的后遗症。有资格的调查人员可以通过向设计调查组提出书面请求而获得这些调查表的副本。没有各个领域内志愿人员的合作，这个组织就不可能实现自己的目标，因此对那些提供有关案例资料的人，该组织将向他们提供从案例中获得的资料及进一步的研究结果。虽然这个组织有严格保密的劫持案例的资料，但也向学校、政府机关、医院、科研机构、可靠的UFO组织、新闻界和公众提供了丰富的研究性资料。这种交流将通过信件、每季度召开的公开讨论会、在科学杂志上发表文章、电视、广播、为UFO组织主办的杂志撰写文章和参加专题座谈会等方式来实现。

"不明飞行物共同组织"

1969 年 5 月 31 日，"美国中西部不明飞行物共同组织"正式成立，1973 年 6 月 17 日更名为"不明飞行物共同组织"，简称为"MU-FON"。该组织由董事会统一管理，董事会由 15 人组成，他们之中有负责领导整个组织的负责人、4 名地区董事和其他主要部门的董事。在北美洲，各州的工作分别由各州的董事负责领导。每州又按地理位置分成由几个县市组成的小组，各州的区董事负责联络各专业调研人员的研究活动。"不明飞行物共同组织"与各国董事或驻各国的外国代表保持联系。顾问咨询委员会由研究主任詹姆斯·麦克坎培尔负责，其中大部分顾问都在他们各自的专业领域里拥有博士学位。由于各专业的调研人员是"不明飞行物共同组织"的重要组成部分，因此由雷蒙德·福勒编写的该会专业调研人员手册受到了世界各国 UFO 研究者的重视。

"不明飞行物共同组织"要解开的谜

自 1970 年以来，在"不明飞行物共同组织"的 UFO 年会上，许多国际上著名的科学家、工程师、研究人员和作家都对他们所感兴趣的问题做出了自己的贡献。为使与会者的见解能永远被载入史册，有版权保护的该会会议记录每年都出版并发行到世界各地。"不明飞行物共同组织"的正式会刊是《不明飞行物共同组织 UFO 杂志》（The MUFONUFO Journal），原名为《天空展望》，创办于 1967 年。"不明飞行物共同组织"的宗旨是以科学的方法解开 UFO 之谜和研究全部衍生物。该组织要解开以下 4 个谜：

首先，不明飞行物是不是由一种先进的智能生物所控制的某种宇宙飞船？它们是不是地球的监视者？它们是否构成了 20 世纪科学所解释不出的不可知的物理学与心理学现象？

其次，如果不明飞行物被认为是外星人控制的飞船，那它们的推进方法是什么？或者，如果这些外星人拥有在另一维空间的操纵技术，这又是怎样完成的呢？

再次，假定它们是受外星人控制的，它们来自何方？它们是来自我们的宇宙空间呢，还是来自其他空间？

最后，如果某些飞船是由具有人的特点的生命驾驶的，那人们又能从他们先进的科学技术和对地球人有益的文明中学到些什么呢？

W外星人与UFO悬疑奇案
WAIXINGREN YU UFO XUANYI QI'AN

探索UFO基地

UFO 基地与来源探秘

经过几十年来对行星和月球的探索后，美国、俄罗斯逐渐认识到：要想进行更远的星际航行，建立太空中继站势在必行。地球人尚且如此，那么造访地球的外星人的飞碟有无基地？他们的基地在哪？UFO 的母星在哪？对此人们众说纷纭。

宇宙基地说

有许多的 UFO 研究者认为：UFO 来自太空中的银河系或其他星系。它们由若干艘庞大的宇宙飞船——UFO 母舰——统一运到太阳系附近，在那里自成基地或在某个星球建立基地，之后放出子飞碟，列队或单独进入地球空间。进入地球的 UFO 有时无乘员驾驶，受母舰遥控；有时由类人生命或机器人控制。它们可能在太阳系的金星或其他行星上建立过"中继站"，也可能在月球上歇过脚。迄今为止，有很多证据都证明月球是 UFO 基地。

UFO 海底基地

加拿大的让·帕拉尚等人最先做出存在海底基地的假设。经过调查研究他们得出结论：几万年前，大西洋上原有个高度文明的大西国，后来因发生战争和洪水，大西国沉入洋底，而大西国人也就是玛雅人随之转入洋底生活，在那里建立永久性基地，但有时也乘 UFO 冒出海面，在地球空间里遨游。帕拉尚等人据此来解释百慕大三角的神秘事件和 UFO 出没这片海域的奇异现象，推说这一切都与水下玛雅人有关。

UFO 南极基地

UFO 专家安东尼奥·里维拉曾怀疑飞碟是否是德国纳粹的秘密武器。他这样怀疑的依据是第二次世界大战末期，德国人设计出了几个飞碟，其中几架很可能被纳粹用潜艇运到南美和南极了。另一现象又似乎足以证明这个假设，那就是大部分 UFO 都来自南极。因此，一

部分人便推断南极存在着 UFO 基地。

UFO 地心基地

以德国 UFO 专家威廉·哈德森为代表的人认为：UFO 是地球上一种高等智慧生物的乘具，他们长期以来居住在地球深处，在那里形成了地下文明。他们不习惯在地球表面的空气中生活，因而需要乘特殊飞行器才能出入地球空间，其出口往往建在深山峡谷之中，或在荒无人烟的大沙漠深处。也有人认为，地层的裂缝是他们的天然出口，所以那里往往是 UFO 现象的高发地区。

UFO 中国基地

法国的新闻记者——飞碟作家亨利·迪朗最先提出中国西北茫茫戈壁中存在 UFO 基地。他从 1954 年起利用采访之便，大量调查发生在法国、欧洲及其他地方的 UFO 事件，随后撰写了《飞碟黑皮书》、《不明飞行物资料》和《外星人的足迹》等书。而中国戈壁存在 UFO 基地的推测是他在 1978 年出版的《外星人的足迹》这本书里首次提出的。他在《地球上有外星人基地吗》一书中有如下叙述：蒙古人民共和国首都乌兰巴托是工业和原子能中心，地处中国与苏联之间。乌兰巴托南接戈壁大沙漠，北临雅市洛诺夫山脉。并且在该城市与大山脉之间有一片荒漠，受到陡峭的山崖的保护。这里曾发生过无数起奇异的事件，从中国和苏联西伯利亚得到的目击报告表明：飞碟的飞行路线经过这一无人区域。这一点与某些探索者的观点是一致的。UFO 选戈壁滩或南极等渺无人烟处为基地，有三个原因值得注意：

首先，如同地球人类向月球发射载人飞船选择月面沙地和回收飞行器选择海面作为软着陆场地一样，外星人要在地球上频繁降落，百慕大三角海域和戈壁滩沙漠无疑是他们选中的好地方。

其次，据美国和法国飞碟专家分析：外星米的飞碟尽量避免同地球人发生第三类接触，即近距离接触的倾向。如果这一结论属实，那么人烟稀少、人迹罕至的浩瀚戈壁沙漠理所当然地成为良好的场所，飞碟在那里很难被发现。

此外，沙漠是陆地的重要组成部分，外星人研究地球，沙漠自然就成了一个不可缺少的课题。

悬疑奇案

黑色骑士与神秘的 UFO

1961 年，雅克·瓦莱在工作时发现了一颗迄今鲜为人知的卫星。这颗卫星以与其他卫星运行相反的方向环绕着地球旋转。为显示出这颗卫星"大无畏"的运动方式，瓦莱把它命名为"黑色骑士"。

1981 年，苏联一家天文台证实了"黑色骑士"的存在，具体数据如下：它在离地球约 85 万千米的轨道上循着极大的椭圆轨道运行，体积极小，十分耀眼，像是个金属球体。

宇航基地上的神秘事件

如果说"黑色骑士"令科学家心生疑惑，那么宇航基地发生的怪事就更令人迷惑不解。苏联拜科努尔宇航发射基地的佐罗托夫教授披露，1982 年 6 月 1 日，基地上空曾发生过一起神秘的事件，两个卵形发光 UFO 在一个橙色光晕包裹下悄悄飞临基地，而地面防御系统和预警系统都没有发现它。其中一个 UFO 离开基地飞向拜科努尔市，而发射塔周围下起了一阵银色的雨，持续了 14 秒钟，但未造成太大的危害。接着，悬停的 UFO 离开基地向北飞去。第二天，基地工程人员发现，一切机械装置上的螺帽、螺栓均不知去向，有些金属物体被熔化，人们只好把设备和待发射的火箭运到别的基地修理。另一个飞临拜科努尔市的 UFO 则放出了炙人的热量，致使市内全部玻璃门窗爆裂。佐罗托夫教授推测，这两架 UFO 可能来自离地球不太远的轨道，那里可能有一个 UFO 基地。

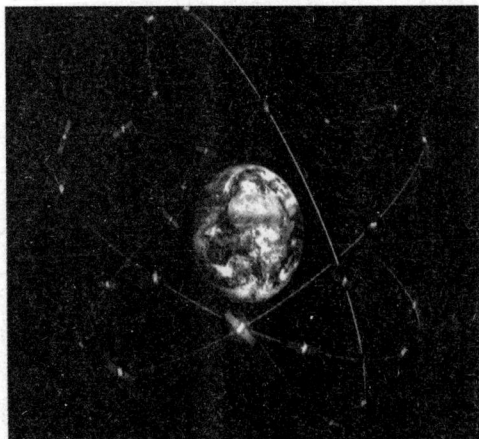